智慧人生丛书

U0594636

ZHIHUI RENSHENG CONGSHU

ZHIHUI ZAI CHENGZHANG

智慧在成长

本书编写组◎编

　　人之所以烦恼横生，对人生困惑茫然，很多时候并不是因为没有健康，而是因为没有智慧，没有了悟茫茫人生的真相。所以有人说：诚信是第一财富，智慧是第一生命。本书编排智者名言，以感悟的方式发掘浅显故事中蕴涵的有关哲理，来帮助读者朋友修心养性，提升智慧，做一个生活中的智者，拥有快乐的人生。

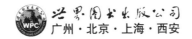 世界图书出版公司
广州·北京·上海·西安

图书在版编目（CIP）数据

智慧在成长/《智慧在成长》编写组编. —广州：广东
世界图书出版公司，2009.11（2024.2 重印）

ISBN 978－7－5100－1211－2

Ⅰ.智… Ⅱ.智… Ⅲ.人生哲学－青少年读物 Ⅳ.
B821－49

中国版本图书馆 CIP 数据核字（2009）第 204900 号

书　　名	智慧在成长
	ZHIHUI ZAI CHENGZHANG
编　　者	《智慧在成长》编写组
责任编辑	吴怡颖
装帧设计	三棵树设计工作组
出版发行	世界图书出版有限公司　世界图书出版广东有限公司
地　　址	广州市海珠区新港西路大江冲 25 号
邮　　编	510300
电　　话	020-84452179
网　　址	http://www.gdst.com.cn
邮　　箱	wpc_gdst@163.com
经　　销	新华书店
印　　刷	唐山富达印务有限公司
开　　本	787mm×1092mm　1/16
印　　张	15
字　　数	160 千字
版　　次	2009 年 11 月第 1 版　2024 年 2 月第 10 次印刷
国际书号	ISBN　978-7-5100-1211-2
定　　价	49.80 元

是什么样的智慧
正在生长？

在我们的生命历程中，有许许多多相似的困惑与思索。这些隐于内部不为他人所知甚至不被自觉的困惑与思索更能代表真实的自我。这些困惑往往是无法轻易明了的，而与我们所有的思索一同被收获的经常是更多的困惑。每逢这样的时刻，我们的体悟是一样的复杂多变。因为我们知道：没有永远确定的疑问，只有不断的求索与反思伴我们前行。更因为我们知道：为了脱离混沌而至于清明的理性存在，我们才这样解析与质问自己；为了让身边的世象万千沉积为本质的精辟，我们才带着执著而敏感的心灵去倾听世界；为了化个人与小我的界定为精神空间里的自在探寻，我们才渴望着与那些伟大的人们在心灵故乡里比邻而居。

真正乐于智慧探索的人无一不曾体验自己心路的千回百转，他骄傲与世俗的成就标准绝无关联。在开放着的伟大心灵前方，智慧之光遮蔽了红尘中一切有形与无形的诱惑。走在思辨之路上，如果没有缜密而深入的考虑，在迈出每一步之前，他宁可伫足观望也不会选择去向何方。他在评估自身存在的同时，更加关注着其他人的状况，他犀利的目光能够举重若轻般穿透人们最外层的浮华与寒碜，进而看见本质。他从不蔑视愚昧的人，也从不笑话世间随处可见的蠢事。他深深地知道：自己生存的这个世界，正是由于人类的曲折发展，由于那些已成为历史的蒙昧时期及人们做过的无数蠢事，经过几千年的摸索与实践，才有了文明与聪明的可能。他思索着自己，也思索着别人。他的思想与陈旧、落后、错误的观念不停地碰撞、争斗着。在这痛苦的过程中，他感受到了巨大的幸福。因为他看到，新思想的光芒与力量在这碰撞中迅速增长，他知道自己即将达到某一阶段的目的了，与他那身上布满伤痕但却灵光照眼的真理一起。

在当今这个商业入侵文化，消费文化占据主流的时代里，人们身边多的是可以轻松卒读的休闲报刊、矫情与煽情的无聊故事。在这样的条件下，心灵的感受力实在是比以往任何时候都更易于麻痹而非清醒。同时，这又是一个明显得可确定其存在的矛盾，理性的人类认识是有着更多需求的，它可以被浮华、喧嚣与功利所俘获，但它清楚地知道这并不是生命原理的解答。人是意识的存在，更是理性的存在，这一本质注定了灵魂的追问、生命的质询以及存在的思辨的至关重要。这是一阵阵发自心灵的声音：怎样的生活?怎样的命运?怎样的思索?怎样的未来在近处徘徊、在远方等待?在这些无法逃离的谜团面前，我们发现，我们需要那些来自过去而又始终就在眼前的人的指点；我们需要去阅读经典——他们生命的精华所在；我们需要接过他们手中真理的光明来照亮自我探寻的路程。

　　不幸的是，伟大的作品往往并不是平易近人的，它们集简洁与琐碎、精辟与平淡、深邃与浅白等各种特点于一体，使人难以捉摸。基于此，我们在选编这部《智慧在成长》的时候，主导思想是在外国作家、哲学家、艺术家、科学家们架构的城堡之外，不受他们精心营造的代表作所限，以他们笔下富于思想性、探索性同时又贴近普通人生活的文字片段为主，力求为读者提供一种包含更丰富、更深刻启示的阅读可能，一种领悟生命的新方式。在这里，智者们既非旁观者也非设计者，他们与自己笔下的文字居住在一起。在这些完全个人的领域，绝对自我的空间里，洋溢着他们生命的呼吸。透过这些闪光的文字片段，我们感受到了灵魂的震颤、精神的洗礼和生命的审判。

　　走在人世间，每个人都不免会有些感触、困惑及领悟。如果你能够将这些感触、困惑和领悟作为自己灵魂的阶段属性，认真地对待它们的产生、形成和确定，并将这一切升华为对自己与世界的整个存在的沉思，你就会不自觉地掀起智慧女神的神秘面纱。你将发现，成为一个思想者不仅不难，甚至是很容易的，而作为一个时刻警醒着的理性存在则是件让人极其快乐的事情。

编　者

目 录

第一辑　狂想黄金时代

择　业／安德烈·莫洛亚〔法国〕 …………………………………（3）

为快乐而工作／罗素〔英国〕 ……………………………………（4）

笑容背后／克莱贝尔〔美国〕 ……………………………………（6）

路／东山魁夷〔日本〕 ……………………………………………（7）

声　名／约翰逊〔英国〕 …………………………………………（9）

现代美国人／罗洛·梅〔美国〕 …………………………………（10）

审视生活／弗洛姆〔美国〕 ………………………………………（12）

幸福的科学家／罗素〔英国〕 ……………………………………（13）

赤子之心／史怀泽〔法国〕 ………………………………………（15）

财　富／邦达列夫〔苏联〕 ………………………………………（16）

生活是美好的／契诃夫〔俄国〕 …………………………………（17）

此岸·彼岸／泰戈尔〔印度〕 ……………………………………（19）

乐　趣／罗素〔英国〕 ……………………………………………（20）

享　乐／切斯特顿〔英国〕 ………………………………………（21）

以舒适为目的／赫胥黎〔英国〕 …………………………………（23）

至 乐／斯蒂文森〔英国〕 ································ （24）

悠 闲／弗农·李〔英国〕 ································ （25）

先知的体验／威廉·詹姆斯〔美国〕 ················ （27）

第二辑　人际背后的秩序

精纯的谈话／弗洛姆〔美国〕 ······················ （31）

盛宴上／康德〔德国〕 ······························ （32）

尊重妇女／兰姆〔英国〕 ···························· （34）

差 异／玛格丽特·米德〔美国〕 ···················· （35）

父母之爱／弗洛姆〔美国〕 ·························· （36）

友谊之于人／培根〔英国〕 ·························· （37）

友 谊／纪伯伦〔黎巴嫩〕 ·························· （38）

虚 情／西塞罗〔古罗马〕 ·························· （40）

义务至上／苏霍姆林斯基〔苏联〕 ·················· （41）

伤 害／艾德勒〔美国〕 ···························· （42）

群体意志／劳伦斯〔英国〕 ·························· （44）

爱邻人／尼采〔德国〕 ······························ （45）

成人之美／爱因·兰德〔美国〕 ······················ （46）

自我冲突／卢梭〔法国〕 ···························· （48）

给 予／弗洛姆〔美国〕 ···························· （49）

慈善家／亨利·梭罗〔美国〕 ························ （50）

自由与爱／克利希那穆尔提〔印度〕 ················ （52）

爱无限／劳伦斯〔英国〕 ···························· （53）

幸福之路／列夫·托尔斯泰〔俄国〕 ·················· （54）

第三辑　情感树没有季节

人的虚荣／霍尔巴赫〔法国〕 ……………………………………（59）

负罪感／罗素〔英国〕 ……………………………………………（60）

严以律己／弗洛姆〔美国〕 ………………………………………（61）

自满·自薄／威廉·詹姆斯〔美国〕 ……………………………（63）

痛苦与厌倦之间／叔本华〔德国〕 ………………………………（64）

自我尊敬／爱因·兰德〔美国〕 …………………………………（65）

仇恨的积淀／弗洛伊德〔奥地利〕 ………………………………（67）

激　情／康德〔德国〕 ……………………………………………（68）

忏　悔／奥古斯丁〔古罗马〕 ……………………………………（69）

内心的沉沦／朗吉弩斯〔古希腊〕 ………………………………（71）

快乐种种／爱因·兰德〔美国〕 …………………………………（72）

细腻的情感／苏霍姆林斯基〔苏联〕 ……………………………（73）

勇者无畏／康德〔德国〕 …………………………………………（75）

宠辱不惊／卢梭〔法国〕 …………………………………………（76）

正本清源／泰戈尔〔印度〕 ………………………………………（78）

恬淡寡欲／克利希那穆尔提〔印度〕 ……………………………（79）

痛苦中／列夫·托尔斯泰〔俄国〕 ………………………………（80）

第四辑　让成长永无止境

致青年朋友／安德烈·莫洛亚〔法国〕 …………………………（85）

谦冲自牧／苏霍姆林斯基〔苏联〕 ………………………………（86）

待己则诚／克利希那穆尔提〔印度〕 ……………………………（87）

判断力／蒙田〔法国〕 ……………………………………………（89）

梦／考德威尔〔英国〕 ……………………………………（90）

内在动机／理查德·泰勒〔美国〕 ………………………（91）

责任的失落／爱因·兰德〔美国〕 ………………………（93）

德行的嫁妆／休谟〔英国〕 ………………………………（94）

见素抱朴／克利希那穆尔提〔印度〕 ……………………（96）

日日更新／史怀泽〔法国〕 ………………………………（97）

道德进击者／苏霍姆林斯基〔苏联〕 ……………………（98）

上帝死了／弗洛姆〔美国〕 ………………………………（100）

人间美德／伏尔泰〔法国〕 ………………………………（101）

正当与否／弗兰克纳〔美国〕 ……………………………（103）

哲学家的歧途／休谟〔英国〕 ……………………………（104）

追求善／艾德勒〔美国〕 …………………………………（106）

自然秩序／克利希那穆尔提〔印度〕 ……………………（107）

第五辑　雅典娜的天空

学会阅读／卡尔·萨根〔美国〕 …………………………（111）

唯书有华／叔本华〔德国〕 ………………………………（112）

伪智慧／罗素〔英国〕 ……………………………………（113）

无　知／罗伯特·林德〔英国〕 …………………………（115）

生命的细部／潘诺夫斯基〔美国〕 ………………………（116）

世俗之乐／克利希那穆尔提〔印度〕 ……………………（117）

宁可信其无／卡尔·萨根〔美国〕 ………………………（119）

独断在怀疑之中／三木清〔日本〕 ………………………（120）

观察和思考／池田大作〔日本〕 …………………………（121）

天　才／狄德罗〔法国〕 …………………………………（123）

人生的真理／舍斯托夫〔俄国〕 …………………………（124）

自我感觉／乔治·布莱〔比利时〕 ………………………（125）

想象的预兆／斯宾诺沙〔荷兰〕 …………………………（127）

精神本质／史怀泽〔法国〕 …………………………（128）

沉　思／卡尔·雅斯贝尔斯〔德国〕 ………………………（129）

人的认识／帕斯卡尔〔法国〕 …………………………（131）

渴　求／亨利·梭罗〔美国〕 …………………………（132）

与真理的关系／列夫·托尔斯泰〔俄国〕 ………………（133）

理解力／劳伦斯〔英国〕 ………………………………（135）

相对的真理／考德威尔〔英国〕 ………………………（136）

大智慧／克利希那穆尔提〔印度〕 ……………………（137）

至　美／罗素〔英国〕 …………………………………（139）

第六辑　用生命表达一切

童　年／叔本华〔德国〕 ………………………………（143）

不朽感／赫兹里特〔英国〕 ……………………………（144）

生命的阴影／安德烈·莫洛亚〔法国〕 …………………（145）

长　者／里柯克〔加拿大〕 ……………………………（147）

秋　末／乔治·吉辛〔英国〕 …………………………（148）

钟　面／米兰·昆德拉〔捷克斯洛伐克〕 ………………（149）

逝者如斯／伍里采维奇〔塞尔维亚〕 …………………（150）

人的信念／邦达列夫〔苏联〕 …………………………（152）

生之意义／毛姆〔英国〕 ………………………………（153）

生之不同／勃兰兑斯〔丹麦〕 …………………………（155）

门的含意／克·莫利〔美国〕 …………………………（156）

洞／卡夫卡〔奥地利〕 …………………………………（157）

注定的局限／霍尔巴赫〔法国〕 ………………………（159）

生之痛／加缪〔法国〕 …………………………………（160）

生命之战／亨利·梭罗〔美国〕 ………………………（162）

向何处去／三木清〔日本〕 …………………………………（163）

不朽者的神话／柏拉图〔古希腊〕 …………………………（164）

安　宁／劳伦斯〔英国〕 ……………………………………（166）

新生命／列夫·托尔斯泰〔俄国〕 …………………………（167）

天道自然／歌德〔德国〕 ……………………………………（169）

生命概念／史怀泽〔法国〕 …………………………………（170）

起　因／雪莱〔英国〕 ………………………………………（171）

最后根源／普洛丁〔古罗马〕 ………………………………（173）

第七辑　阿佛罗狄忒之花

量／荷迦兹〔英国〕 …………………………………………（177）

变化是美的／柏克〔英国〕 …………………………………（178）

残废与丑／培根〔英国〕 ……………………………………（179）

面　孔／康德〔德国〕 ………………………………………（180）

特　质／休谟〔英国〕 ………………………………………（182）

美与实用／柏克〔英国〕 ……………………………………（183）

赏心悦目／艾德勒〔美国〕 …………………………………（184）

旅行中／阿兰〔法国〕 ………………………………………（186）

真正的女性美／池田大作〔日本〕 …………………………（187）

心　底／克利希那穆尔提〔印度〕 …………………………（188）

美，在你的心中／苏霍姆林斯基〔苏联〕 …………………（190）

品德的标记／爱默生〔美国〕 ………………………………（191）

内心视觉所见／普洛丁〔古罗马〕 …………………………（192）

随　感／德谟克利特〔古希腊〕 ……………………………（194）

永生的美／纪伯伦〔黎巴嫩〕 ………………………………（195）

第八辑　缪斯，在月桂丛中

年轻的女子／川端康成〔日本〕……………………………（199）

房间里的天使／伍尔芙〔英国〕……………………………（200）

我的见解／蒙田〔法国〕……………………………………（201）

文学生涯／泰戈尔〔印度〕…………………………………（203）

谁是忠实伴侣／维歇特〔德国〕……………………………（204）

好　诗／马佐尼〔意大利〕…………………………………（205）

才　艺／贺拉斯〔古罗马〕…………………………………（207）

诗　情／薄伽丘〔意大利〕…………………………………（208）

世界诗人／卡莱尔〔英国〕…………………………………（209）

悲　剧／明屠尔诺〔意大利〕………………………………（211）

画　意／达·芬奇〔意大利〕………………………………（212）

神秘的画／罗洛·梅〔美国〕………………………………（213）

人体美／温克尔曼〔英国〕…………………………………（215）

音乐与舞蹈／洛克〔英国〕…………………………………（216）

作品中的梦／弗洛伊德〔奥地利〕…………………………（217）

艺术家的思考／加缪〔法国〕………………………………（219）

理　想／赫伯特·里德〔英国〕……………………………（220）

艺术趣味／伏尔泰〔法国〕…………………………………（221）

看到美／艾德勒〔美国〕……………………………………（223）

提高鉴赏力／艾迪生〔英国〕………………………………（224）

幻　想／米克沙特〔匈牙利〕………………………………（225）

时　尚／卢梭〔法国〕………………………………………（227）

第一辑

狂想黄金时代

生活本身没有任何价值，它的
价值在于怎样使用它。

——卢梭

智慧在成长

择 业

〔法国〕安德烈·莫洛亚

生活的艺术是选择一个进攻的突破点，全力以赴地冲击。

一个人的精力和才智是极其有限的。面面俱到者，终将一事无成。我十分了解那些见异思迁的人。他们一会儿觉得："我能成为一名伟大的音乐家。"一会儿又认为："办企业对我来说易如反掌。"一会儿又说："我若涉足政界，准能一举成功。"请相信，这类人终将只是业余的音乐爱好者，破产的工厂主和失败的政客。拿破仑曾说："战争的艺术就是在某一点上集中最大优势兵力。"生活的艺术则是选择一个进攻的突破点，全力以赴地进行冲击。职业的选择不能听任自然，初出茅庐者都应该扪心自问："我干什么合适，我具备什么能力？"如果力所不及，强求也是徒劳。如果你有个大胆又果敢的儿子，与其让他去坐办公室，倒不如让他去当飞行员。而选择一旦作出，除非发生错误或严重意外，你万万不可反悔。

在已确定的职业范围内，仍有必要作进一步的选择。哪一位作家也不可能各种小说全写；哪一位官员也不可能改革一切；哪一位旅行家也不可能走遍天涯海角。你还得绝对顺从天意，摆脱权力欲。给你一点必要的选择时间，但是有限。军人在充分考虑了一道命令的后果之后，他们习惯于在讨论中一语定夺："执行！"。请以同样的方式，结束你的自我讨论吧。"明年我干什么？准备这门考试？还是那门？是去国外深造？还是进这家工厂？"对这些问题，反复考虑是自然的，但是为自己限定一定的时间也是必要的。时间一过，就应当作出决定。"执行"的决定既已作出，后悔是没用的，因为，世上的事情总是在千变万化。

智慧在成长

为了保证忠实地执行自己作出的决定，经常制定既能体现长远规划，又能显示近期目标的工作计划是有益的。几个月之后，几年之后，再回头看看当初的计划，我们会对自己的能力和素质产生信心。但是，在计划内众多的项目中，分清轻重缓急十分必要。在这方面，应该倾注全部的心血，全心全意干你该干的事。让你的思想和行动都朝着一个目标努力。当你达到目的的时候，你就可以回顾一下以往的足迹，察看一番走过的弯路，只要事业未就，必须勇往直前。

对什么都感兴趣的人是讨人喜欢的。但是干事业，你只能在一定的时间内，专心致志于一个目标。美国人讲："一心一意"。虽然你常常会被一些纠缠不清、难以下手的问题搅得心烦意乱，但是经过不懈的努力，最终一定会排除障碍。

为快乐而工作

〔英国〕罗　素

没有了自尊，就不可能有真正的幸福，而对自己的工作引以为耻的人是没有自尊可言的。

在今天的西方知识界中，不幸的原因之一是：许多人，特别是那些从事文化工作的人，找不到独立运用自己才能的机会，而只得受雇于由庸人、外行把持的富有公司，被迫制作那些荒诞无聊的东西。如果你去问英国或美国的记者，他们是否相信他们为之奔走的报纸政策，我相信，你会发现只有少数人相信，其余的人都是为生计所迫，才将自己的技能出卖给那些有害无益的事业。这样的工作不能给人带来任何的满足，并且当他勉为其难地从事这种工作时，他会使自己变得如此玩世不恭，以至于他从任何事物中都不再能够获得完全的满足，我不能指责从事这种工作的人，因为舍此他们就会挨饿，而挨饿是不好受的。不过我还是认为，只要有

可能从事能满足一个人的建设性本能冲动的工作而无冻馁之虞,那么他最好还是为自己的幸福去做这种劳动。没有了自尊,就不可能有真正的幸福,而对自己的工作引以为耻的人是没有自尊可言的。

在现实生活中,建设性劳动的快乐是少数人所特有的享受,然而这少数人的具体人数并不少。任何人,只要他是自己工作的主人,他就能感到这一点,其他所有认为自己工作有益且需要相当技巧的人均有同感。培养令人满意的孩子是一件能给人以极大快乐的、但又是艰难的、富于建设性的劳动。凡是取得这方面成就的女性都觉得:由于她辛勤操持的结果,世界才包含了某些有价值的东西,要不是她的劳作,世界上就不会有这些东西。

在如何从总体上看待自己生活这一问题上,人与人之间存在着深刻的差异。对于一些人来说,把生活看作一个整体是很自然的做法,能够做到这一点也是幸福的关键;对于另外一些人来说,生活是一连串并不相关的事情,它们之间缺乏统一性,它们的运动也没有方向。我认为前者比后者更易获得幸福,因为前者能够逐渐为自己营造一个环境,从中他们能够获得满足和自尊,而后者则会被命运之风一会儿刮到东,一会儿刮到西,永远找不到落脚点。把生活看作一个整体,这不仅是智慧的,而且也是真正道德的重要部分,是应被教育极力倡导的内容之一。始终一贯的目标并不足以使生活幸福,但它是幸福生活的一个几乎不可或缺的条件。而始终一贯的目标,主要体现在工作之中。

智慧在成长

青少年智慧人生丛书

笑容背后

〔美国〕克莱贝尔

春天清新的泥土味阵阵扑鼻,播种之后,收成的日子也指日可待了。

不久前,本地报纸的体育版刊载了一段评论,由正在加州大学任职篮球教练的欧文所写,内容叙述他所带领的球队和内华达大学队比赛时,他们所经历的一次惨败经验,他回忆说:"球赛一开始我们就输得很惨。"接下来,他细致地叙述了那次失败的经过,的确,他的球队一败涂地。你曾有过很惨的一天吗?或一个星期?或一年?如果有,你应该会产生心有戚戚焉的共鸣。其实,危机、失败正是每个人生命历程必经的一部分,迟早总需面对,正如圣经作者在约伯记中所记载的一样,"人生在世必遇患难,如同火星飞腾"。

遭遇到危机和失败时,我们到底能从中体会多少,从而成就全人幸福呢?在英文 Grisis 这个字的中文意思中蕴藏着精义,这两个中文字一个是"危",意思是危险,另一个是"机",意思是机会,这两个字的精义正是本文所要阐述的主题。在危机和失败中大部分人都消极地只看到危险,经常因而错失良机! 其实越是遭遇危机、失败,我们越是应该转移痛苦的情绪,利用机会,创造幸福,虽然不易做到,但是为了追求幸福,我们还是必须努力学习这种态度。

唯有学习坦然面对失败和痛苦才能拥有真正的幸福,让生命中无可避免的困境、失败、障碍、疾病与痛苦都转变成创造成功、奇迹与完美的力量。

小时候一位牧师的至理名言,让我至今难忘,他说:"仔细观察周围,你会发现你身边的每个人都背负着十字架,备尝痛苦。"我们经常会忽略这个事实,只看到别人脸上的笑容,羡慕别人的幸福,殊不知笑容和幸福的背后是要付出代价的。

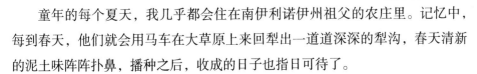

　　童年的每个夏天，我几乎都会住在南伊利诺伊州祖父的农庄里。记忆中，每到春天，他们就会用马车在大草原上来回犁出一道道深深的犁沟，春天清新的泥土味阵阵扑鼻，播种之后，收成的日子也指日可待了。

　　其实人生中的危机和痛苦不正是这种景象吗？痛苦在我们灵魂上深深地划下伤痕，逆境更不断动摇我们的信心。但是，新生命的种子却也受到滋养而日益茁壮，痛苦的犁痕越深，生命的历练也就越丰富。幸运的是，经过痛苦，流过泪之后，人与人之间的关怀和爱更是我们新生的力量。

路

〔日本〕东山魁夷

　　我经过冬日的道路，艰难地踏上缀满朝霞的初夏草原的道路。

　　古老的装饰着墙板的房屋。城门钟楼的尖塔上是鹳鸟的巢。广场上的泉水。马车通过暮霭沉沉的石板道，马蹄下火花进射。这是拜恩州的古城。

　　从品川车站穿过灯火管制的黑暗的街道，到区公所领取应征通知书。走在雨后的道路上。

　　灼热的瓦砾、断落的电线、倒毙的马匹。黑烟。日蚀般的太阳。空袭下的熊本的街道。

　　拖着母亲的灵车走在荆泽的道路上。风猛烈地吹着，初雪闪亮的富士山，浮现在澄碧的天空。

　　道路的回忆是无尽的。今后还要经历怎样的道路呢？舒伯特的歌曲集《冬日旅程》是根据缪勒的诗创作的，全篇描写了一个旅人在冬日的道路上踽踽独行的身影，咏唱着人生的寂寥。那首有名的《菩提树》则是一首乡愁之歌，通过一系列诗句，表现游子在冬天的旅行中，回忆起城门泉边菩提树叶子下面一个

智慧在成长

令人销魂的场所。另一首《路标》描述了徘徊旷野的旅人一见到路标就想起这条任何人都无法生还的道路。最后，旅人来到"旅馆"，这是坟墓。"旅馆"的标记是送葬的蓝色花朵，他想在冰冷的卧床上休息一下疲惫的身体。然而他遭到旅馆老板的拒绝，于是继续徘徊。这是一条令人绝望的冬日的道路。我经过冬日的道路，艰难地踏上缀满朝霞的初夏草原的道路。

那年秋天，我把《路》送到第六届"日展"上展出。纵长的画面，中央是一条灰黄的路，左右的田野和山丘一片青绿，天空狭长，呈现蓝色。我考虑了这三种颜色在分量上的比重。作为展品，这是幅很小的画面，如果再放大开来，画面就会失掉紧凑感。我想，使这种小巧的画面得以充实，对这幅画来说还是必要的。

经过孜孜不倦的圆满而细致的制作，终于完成了。

这年，我首次成为"日展"的审查员。这幅《路》的展出，受到众多的好评，获得画坛和社会的承认。

人生的旅程中有许多歧路，比起自身的意志来，我受到更大外力的左右。这种情况至今未曾改变。正因为我心中孕育着这种意志，要走过这条道路，所以我才完成了这样的作品。不是吗？可以说，它在我心中的地位，它的方向是早已定了型的。然而，这条路既不是被光明炽烈的太阳映照的路，也不是被阴惨的暗影包裹的路。这是一条在熹微的晨光里恬静呼吸着的坦坦荡荡的永生之路。

声　名

〔英国〕约翰逊

　　一个人有了虚名，而不准他人侵入他的地盘，他就只能是那种一定要被抛入遗忘之塔里的人。

　　我们在物质生活之外，又延伸出希望。每个人几乎都对某些事物驰骋幻想，不过，直到改变了生活方式他才会碰到这些事物。有些人以财产多和住宅大为快事，为他们的家庭和荣誉预先准备好永存不朽的东西，或者竭力不使财富分散，因为积累财富已成为他们的唯一职守。另外那些十分文雅、高尚的人，则把精力专注在未来的名望上面，专注在获取那些不抱成见的后代子孙的感激上面。

　　灵魂完全系在财富与住宅上的那类人，无法明白他们本应对财富漠然置之，因而也就无法适宜地或认真地谈论这些问题。可是，追逐声名的人就可以对此作出反应，所以就有可能去考虑他们所期待的事物。

　　在遥远的未来，能否被人记住也许是值得每个明智之士考虑的问题，但这是得不到满意的答案的。诚然，能名垂青史的，只是少数人，大多数人对此其实也兴趣索然。世界上从来没有什么余地堆放那么多的名望。生命的职责是，在每种环境中，无论是短暂的快乐或痛苦，都不会超过一定的比例，必须留给我们余暇去做那种不会十分影响我们眼前幸福的期待。一个人有了虚名，而不准他人侵入他的地盘，他就只能是那种一定要被抛入遗忘之塔里的人。

　　心灵的眼睛与肉体眼睛一样，能看到新的目标，对那些眼皮底下的东西反而视而不见。因此，声名像一颗阴星，除了几个卓越的和不可战胜的名字之外，有的闪耀一下之后，就永远消逝了。如果思想或时间没有什么改变，那我们的

智慧在成长

声名也可能是隐匿无闻。一切具有我们这种思想或使我们的行为有所改变的人们，无时不匆匆走入湮没无闻的境地，正像一种最被人喜爱的新事物常为时尚所采纳一样。

所以，照亮晚年的任何舒适的光线并非来自尘世，只有未来才是它的远景。在疾病的痛苦中，在老耄的衰弱里，只有储以待用的这种幸福（如果注意到这种幸福）才会支持我们。这些幸福，我们有信心去期待它们，因为它们来自于一种偶然的力量，而且，只有热烈希望和真诚追求它们的那些人才能得到这种力量。由此看来，每个心灵最终都应该栖息下来。希望是人类的主要福赐，并且，只有希望才是合理的。可以肯定，希望绝不会欺骗我们。

现代美国人

〔美国〕罗洛·梅

上帝从混沌中创造形象，而我们则在形象里制造混沌。

正当每个人感到无能，而又为他自己的抉择感到怀疑之际，他又同时确信，作为一个现代人是可以无所不为的。上帝死了，我们岂不是人人皆神吗？——我们在实验室中分裂原子，并将它施放到广岛的上空，岂不是已经又制造出另一个"创世纪"了吗？不过，我们却反其道而行：上帝从混沌中造出形象，而我们则在形象里制造混沌。每个人——几乎没有人例外——在他心灵中某个隐秘的角落里总恐惧死亡，恐惧在"时犹未晚"之前，我们无法再把混沌转变成形象。

但是我们的焦惧感却很容易被平息，当我们一想到我们正展望着一个新的时代——一个新的伊甸园，在这里将不再出现毒蛇时，这种新的福音，会使我们将焦惧遗忘得干干净净。我们天天在广告的轰炸之下，它告诉我们一张飞机票或一张养老保险单的终点上，一个新的世界将展示在我们的面前。

在每个商业地带，时刻有人向我们保证日常生活的幸福，时刻有人告诉我们可以利用某些庞大力量。诸如：利用电脑产生动力、大量运输的技术、改变我们的脑波、以新方式去听去看的电子时代、人体控制技术学、固定的收入、适合每个人口味的艺术、一种全新而又有趣的自动教学法、利用迷幻药"拓展我们的心灵"、释放出我们的无限可能性……过去这些均求助于心理分析，可现在则不费吹灰之力就可以即刻实现，这真要归功于偶然的发现。利用化学技术重造人格，利用整形器官代替损坏的心脏和肾脏。如何保持活力，保持全天精力充沛……类似事例，不胜枚举。而听者则感到困惑，不知道自己是这些精灵祝福的蒙赐者———一个被涂满油膏拥上圣坛的祭品呢，还是一个不解风情的笨蛋?当然，是两者兼备。

在这些强大的力量和自由的保证下，作为一个蒙赐者的公民，他只被要求担任一个被动的角色。不管是在广告媒体上，还是在教育、健康、麻醉药品等方面，每一件新的发明总是为我们着想，并且泽及我们。不论我们的处境如何尴尬，我们的角色就是服从和接受这些恩惠，并且表示感激之情。在原子的领域，以及涉及另一个行星的太空探险上，我们的这种角色表现得更为明显：每个人除了通过错综复杂的方式纳税，和坐在电视前观看导弹发射外，这些伟大的成就与我们毫不相关。

智慧在成长

审视生活

〔美国〕弗洛姆

他们生活着,仿佛他们已经终止了生活,或他们从来没有开始生活过。

我们工作的目的是什么?是增加生产和消费,还是促进人类的发展和成长?我们通常宣称一个人是不能与其他人分离的。凡是对工业有益的必定对人也有益,反之也是这样。这听起来像一种可爱的预先规定了的和谐的宣言,但事实上是彻头彻尾的谎言。我们可以很轻易地举出许多事物,它们对工作有利但对人却有害。这就是我们今天的窘境,如果我们继续走我们现在所走的路,进步将只有在以人为代价的基础上才能取得。因此,我们必须作出抉择,用《圣经》上的话来说,我们必须在上帝和恺撒之间作出抉择。这说起来可能非常具戏剧性,但如果我们准备认真地谈论生活,事情确实是带有戏剧性的。这里我想到的不只是生与死的问题。也是我们是要选择在我们周围生活中所看到的日益增多的死亡,还是选择充满活力和主动性的生活。生活的全部意义就是变得越来越具有活力,更加充满生活气息。人们在这一点上欺骗自己,他们生活着,仿佛他们已经终止了生活,或他们从来没有开始生活过。

我们的民谚告诉我们:人过四十,就得为他自己的威信负责。这就是说,我们自己的生活史将显示出我们是生活得对还是错 (不是道德感觉上的对和错,而是从我们自己的独特本质出发)。罗列成就的最动情的悼词并不能掩饰这样一个我们不能不答复的严酷问题:我们是或曾经是真正活着吗?我们是过着我们自己的生活,还是按照某一个人的主张而生活?我赞成像马克思和迪斯雷利那样一些思想家的看法。他们指出奢侈比贫穷更坏。他们所说的奢侈,就是我称之为多余的富足的东西。但是,如果我们要将真正的丰富作为目标,我们就必须在生活方式和思想方式方面做一些根本的改变。当然,我充分意识到,在实现这

些改变的道路上存在着巨大的困难。

　　许多国家（主要是经济落后的国家）的人们梦想着，只要他们拥有美国人所有的一切，他们就会幸福，但是在美国，更多的人认识到，我们所有的现代的舒适生活往往使我们变得被动，没有人格，容易受人操纵，而不是幸福。我们的造反青年主要来自中上阶层，这绝不是偶然巧合。在他们之中，多余的富足是最明显的，这种富足在我们的想象中和幻想中可能是幸福的。但是，在我们的内心深处，它并不能使我们幸福。

　　对我来说，紧紧抓住一项可以形成我们生活艺术的必不可少的原则至关重要。如果我们追求互相抵触的目标，而意识不到这些目标彼此抵触并且互相排斥，我们就会破坏我们的生活。

幸福的科学家

〔英国〕罗　素

　　爱因斯坦受到景仰，而画家却在阁楼中饥肠辘辘；爱因斯坦是幸福的，而画家则是不幸福的。

　　在那些受过更高级教育的社会成员当中，现在最幸福的要数科学家了。他们中间许多最杰出的人在情感上是纯朴的，他们能够从自己的工作中获得一种满足，这种满足是如此深刻，以至于吃饭、结婚对他们来说都是妙不可言的。艺术家和文人学士们将婚姻生活中的愁眉苦脸当成是礼仪上的需要，而科学家们则往往能充分地享受这古老的天伦之乐，原因在于，他们智力中的较高部分完全被自己的工作所占用，而不允许介入到自己无力从事的领域，在他们的工作中，他们感到幸福，因为在今天的时代，科学发展迅速，知识力大无比。因此这一工作的重要性既不被他们自己也不被外人所怀疑。因此，他们没有必要

智慧在成长

拥有复杂的情感，而简朴的情感已经遇不到阻力了。复杂的情感就像河水上的泡沫，平缓流动的河水遇上障碍就产生泡沫。而只要生机勃勃的水流不会受阻，那么它就不会泛起小小的浪花，粗心的人往往对它蕴藏的力量视而不见。

在科学家的生活中，幸福的全部条件都得到了实现。他有一份能充分展示自己能力的事业，他获得的成就，不管是对他自己来说，还是对那些并不理解他们的普通大众来说，都是很重要的。在这一点上，他比艺术家幸运。当公众不能理解一幅画或一首诗歌时，他们的结论往往是：这是一幅糟糕的画或这是一首糟糕的诗。当他们不能理解相对论时，他们都下结论说（这倒在理），他们受的教育不够。结果便是：爱因斯坦受到景仰，而画家却在阁楼中饥肠辘辘；爱因斯坦是幸福的，而画家则是不幸福的。以一贯的我行我素来对抗公众的怀疑态度，在这种生活中，很少有人是真正幸福的，除非他们能将自己关在一个排外的小圈子内，忘记外面的冷漠世界。而科学家，由于除了同事，其他人都器重自己，因而不需要小圈子。相反，艺术家则处于要么选择被人鄙视，要么做卑鄙无赖的人的痛苦不堪的处境之中。如果这位艺术家具有惊人的才华，那么他必定会招致非此即彼的厄运：如果他施展了自己的才华，结局便是前者；如果他深藏不露，结局便是后者。当然事情并非永远如此。曾经有过这样的一个时期，那时优秀的艺术家们，甚至在他们年纪尚轻时，就为人们所尊重。于勒二世虽说可能对米开朗琪罗是不公正的，但他从不贬低米开朗琪罗的绘画才能。现代的百万富翁，他可以给才华耗尽的老艺术家万贯钱财，但他绝不会认为，艺术家所从事的活动，与他的一样重要，也许这些情况与下述事实有关，即：一般而论，艺术家比科学家更不幸福些。

赤子之心

〔法国〕史怀泽

　　由机器带来的变革，使我们大家几乎都受到太规则化、太死板、太紧张的劳动的折磨。

　　知识的进步如果受到思想的影响，就直接具有精神意义。这种进步日益使我们认识到：存在的一切都是名为生命意志的力量。它使我们日益远离这些生命意志的范围，尽管，它们本来由于与我们的类似性而能为我们所把握。这对我们关于世界的反思意味着什么呢？我们已在细胞中发现了生命的个体性，并在它的能动和受动的能力中，又发现了我们自身活力的要素。由于知识的日益扩展，我们对生命的奥秘日益感到惊异。我们从幼稚的天真达到了深刻的天真。

　　从知识中也产生了对自然力的影响。我们的能动性和敏捷性得到了极大的提高。我们的生活状况发生了广泛的变化。

　　但是，对人类发展来说，这种进步并没有带来如此多的好处。虽然，由于所获得的对自然力的影响，我们不仅摆脱了对自然的束缚，而且使它为我们服务。然而，我们因此也脱离了自然，并陷于一种由非自然性带来的危险的生活条件。

　　我们使用机器令自然为我们服务。在《庄子》中叙述了这样一则故事：孔子的一名学生看到园丁为整治菜园，抱着瓦罐不断到井底取水，就问他是否想减轻自己的劳动强度。"那该怎么做呢？"园丁问道。孔子的学生说："你拿根木头做杠杆，前轻后重。然后去汲水就会很方便。人们称这种工具为桔槔。"但这位身为园丁的智者答道："我的老师曾说，如果一个人使用机械，那么他就会以机械方式做事。谁以机械方式做事，谁就会有一颗机械化的心。人心机械化了，也就失去了赤子之心。"

智慧在成长

这位园丁在公元前 5 世纪所感到的危险，正以其全部严重性出现在我们面前。我们周围许多人的命运就是从事机械化的劳动。他们离开了自己的家园，生活在压迫人的物质不自由状况中。由机器带来的变革，使我们大家几乎都受到太规则化、太死板、太紧张的劳动的折磨。我们难以集中心思进行反思。家庭生活和儿童教育发生了危机。我们大家或多或少都有丧失个性而沦为机械的危险。从而，这种对人类生存的各种物质和精神的伤害，成为人类文明成就的阴暗面。

财　富

〔苏联〕邦达列夫

文化的经验教训可以预防轻率的破坏以及由时髦的服装和形形色色的新鲜东西掩盖着的外国的病态。

在古希腊，人们穿着朴素的长袍，吃着山羊干酪和大麦饼，住在简陋的房子里。他们没有技术文明的设备、财富和舒适，却不止一个世纪地盛行着高度的文化。就是说，精神和心灵上丰富充实，也就是一种我们如今称之为幸福、爱情和生命的欢乐状态。

文化——这是人民和民族几千年来一点一点积聚起来的财富，是无价之宝，因此我们应当信任她。文化的经验教训可以预防轻率的破坏以及由时髦的服装和形形色色的新鲜东西掩盖着的外国的病态。如果没有严格的道德关卡，那么在“大众文化”胜利的韵律之下，在我们国家也可能会兴盛起一个陌生的、奢华的时代，我们只能依赖愚蠢谄媚的模仿求得发展。这将是一个哲学家没有自己的信念，建筑师没有自己的建筑方式，学者没有自己的发现，作家没有自己的思想的时代。

无论何种体系都经常是与反体系并存的。因此二者必居其一只有在地狱里才不存在。当你思考在实用、金钱、不信任和虚伪的都市主义现实里的文化的命运时，就会痛苦和烦恼地产生那些同样的"孩子气的问题"，但这已经完全不同于陀思妥耶夫斯基的问题了。那就是：你是谁?现代人?是历史交叉路口破坏性的阴影?抑或是人生的光环?你难道将如同无踪迹的影子般离去——除了成千上万无辜的牺牲、永不满足的贪婪、沦为沼泽的田野，难看的混凝土城市、干涸的河流、被汽车弄得丑陋不堪的地面上堆成山的垃圾，在自己身后什么都没留下?为什么你忘了自己的使命——创造善、美和真?

那么，难道"技术文明"就不会导致进步?不创造，不完善，不可能想象，它所创立和发展的一切都不是创造，而进步的外表就意味着绝境。而且还有，因为在西方一切都不是服从于人，而是服从于强大的世界统治者——金钱，而在我们这儿则是服从于我们现实的无情和无个性的主宰者，由官僚们虚伪和臆造出来的计划，在这里已完全看不到人的因素。

什么才是真正的财富?是人，还是人臆想出来的东西?

生活是美好的

〔俄国〕契诃夫

生活是极不愉快的玩笑,不过要使它美好却也不很难。

生活是极不愉快的玩笑,不过要使它美好却也不很难。为了做到这点，光是中头彩赢了 20 万卢布，得了"白鹰"勋章，娶个漂亮女人，以好人出名，还是不够的——这些福分都是无常的，而且也很容易被习惯。为了不断地感到幸福，甚至在苦恼和愁闷时也感到幸福，那就需要：善于满足现状，并且很高兴地感到"事情原来可能更糟呢"，这是不难的。

要是火柴在你的衣袋里烧起来，那你应当高兴，而且感谢上苍：多亏你的衣袋不是火药库。

要是有穷亲戚到别墅来找你，那你不要脸色发白，而要喜气洋洋地叫道："挺好，幸亏来的不是警察!"

要是你的手指头扎了一根刺，那你应当高兴："挺好，多亏这根刺不是扎到眼睛里!"

如果你的妻子或者妻妹练钢琴，那你不要发脾气，而要感激这份福气：你是在听音乐，而不是听狼嗥或者猫的音乐会。

你该高兴，因为你不是拉长途马车的马，不是旋毛虫，不是猪，不是驴，不是茨冈人牵的熊，不是臭虫。你要高兴，因为眼下你没有坐到被告席上，也没有看到债主在你面前，更没有与主笔士尔巴谈稿费问题。

如果你不是住在边远的地方，那你一想到命运总算没有把你送到边远的地方去，你岂不觉得幸福?

要是你有一颗牙痛起来，那你就该高兴：幸亏不是满口牙痛起来。

你该高兴，因为你居然可以不必读《公民报》，不必坐在垃圾车上，不必一次跟三个人结婚。

要是你被送到警察局去了，那你就该乐得跳起来，因为多亏没有把你送到地狱的大火里去。

要是你挨了一顿桦木棍子的打，那就该蹦蹦跳跳，叫道："我多走运，人家总算没有拿带刺的棒子打我!"

要是你的妻子对你变了心，那就该高兴，多亏她背叛的是你，而不是国家。

依此类推。朋友，照着我的劝告去想吧，你的生活就会欢乐无穷了。

此岸·彼岸

〔印度〕泰戈尔

只要不能将我此岸的这称为你的，你的苦难就没有尽头。

我永远不会忘记一首歌的片断，有一次在早晨黎明时分，我听到那些参加节日晚宴的人们在喧闹声中唱道："艄公，把我渡向彼岸。"

在一片忙乱中，这里传出"渡我过去"的呼声。印度马车夫在赶他的马车时唱道："渡我过去。"杂货流动商在把他的货物卖给雇主时，也唱道："渡我过去。"

这呼声的含义是什么呢？我们感到我们没有达到我们的目标，我们知道用我们全部的努力和辛苦我们也不会到达终点，我们不会达到我们的目标。正像一个孩子不满足于他的玩具一样，我们的心也在呼唤："不是这个，不是这个。"但是那另外一个是什么呢？未来的彼岸在哪里呢？

除了这些东西以外我们还有什么呢？除了这些地方以外我们还能在哪里呢？是要停止我们全部的工作去休息吗？是要解除全部的人生职责吗？

不！在我们活动的真正中心，我们正在寻求我们的归宿。甚至就在我们站着的地方，我们正在呼唤着，为了渡向彼岸。所以当我们的双唇发出带我走的祈求时，我们繁忙的双手也从未闲着。

事实上，在你欢乐的海洋中，此岸与彼岸是一个，并且在你身上是同样的。当我称这个（此岸）为我自己的时候，另一个（彼岸）就处于被分离的状态，并且在我内心中失掉了完整的观念。我的心不停地呼唤着另一个，所有我的"这个"和那另一个都期待在爱中完全融合。

这个我的"我"为了家庭日夜操劳，他认为那是自己的家。只要不能将我此岸的家称为你的，你的苦难就将没有尽头，还要继续奋斗，内心总要呼唤：

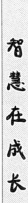

智慧在成长

"艄公，把我渡过去。"当我此岸的家成为你的家的时候，正是在这一刹那间你被渡了过去，即使还有古老的墙壁包围着它。这个"我"是不休息的，为了获得，它正在工作，这与它的精神决不相同，它决不能控制与阻挡它的精神。当它竭力用自己的臂膀拥抱彼岸时，伤害了别人，反过来也伤害了自己，并且呼唤："把我渡过去。"但是，一旦此岸的我能说："我的一切工作都是属于你的。"这时一切东西都保持原样，唯有此岸的"我"被渡了过去。

除了将此岸我的家也作为你的家之外，我能在何处遇到你呢?除了把此岸我的工作变为你的工作之外，我能在何处与你结合呢?

乐　趣

〔英国〕罗　素

人们夏天来到疗养胜地，然后又回到他们原来的地方。这并不能证明夏天去疗养胜地是无益之举。

太阳底下没有新事物吗?那怎么解释摩天大楼、航空飞机和政治家们的广播演说?所罗门何曾知道过这些?如果他可以通过无线电广播收听到希巴皇后从他的领地回去时对臣民们的演说，这难道不是对处身在无用的树木池塘间的他的一个安慰吗?如果他拥有一个新闻编辑机构，通过它，他可以了解到报纸是如何报道他的建筑的富丽堂皇、后宫的舒适安逸、那些同他辩论的圣哲们的狼狈困窘，他还会坚持说太阳底下没有新事物吗?也许这些东西并不能彻底治好他的悲观论调，但他至少会改用一种新的表达方式。

实际上，某些人对我们时代的抱怨之一就是：太阳底下的新事物太多了!如果不管新事物的出现还是它的消失都同样令人烦恼的话，那很难说两者都是使人绝望的真正原因。我们再来看这样一个事实："所有的江河都奔向大海，而大海却从不满溢。江河来到它们发源之处，在那里它们又回来了。"把这当作悲观主义的根据，于是就假定这种旅行是不愉快的。人们夏天来到疗养胜地，然后又回到他们原来的地方。这并不能证明夏天去疗养胜地是无益之举。如果河水有感情的话，它们很可能会像雪莱诗中的云一样，享受这种冒险性的循环乐趣。至于把财物留给后代的痛苦问题，可以从两个角度来看：从继承人的角度看，这显然并不是什么大的损失或灾难。所有的事物在自身内部不断传承这一事实不能成为悲观论的理由。如果继之而起的是更坏的事物，那倒还可以说得过去，但是如果随之而来的事物是更美好的，那就应该是乐观论的理由了。然而，就像所罗门认为的那样，如果继承的事物同原来的事物一模一样，我们又该如何认识它呢？这不是使整个过程都失去了意义吗？当然不是，除非循环的各个阶段本身是令人痛苦悲伤的。

只注视着未来，认为今天的全部意义只在于它将产生的结果，这是一种有害的习惯。没有局部性的价值，也就没有所谓的整体性的价值。生活不应被看作这样一种情节剧，剧中的男女主角经历难以想象的不幸之后，最终以圆满的结局作为补偿。我活着有我的活法，儿子继承了我，他有他的活法，他的儿子又继承了他，这一切又有什么悲剧可言？相反，如果我永生不死，那么生活的乐趣必定会失去吸引力。代代相继，生活将永远焕发青春活力。

享　乐

〔英国〕切斯特顿

在享受一种舒适的同时，享受一些更为简单的东西，是一个明智的原则。

在火车上用餐的愉悦与野餐的愉悦相似，具有一种适合其不正常的、几乎是冒险的条件的性质。这顿饭正是人们所谓的一顿美餐——就是说，比常人在家中用餐的时间长一倍，比他在一家平常餐馆用餐所可能花的时间更要长得多。火车的确是所谓的好火车——就是说，那种犹如雷电霹雳穿过英格兰，往两边

智慧在成长

21

发疯般大摇大摆的火车。没有真正期望享用一顿长长的、奢华筵席的人会想到这种情景中去用餐。没有人会希望饭馆的餐桌像回转木马一般转呀转，转个没完没了。任何人抽象地思索一下都会明白，企图享用舒适和安逸的愉悦，并同时享受速度的愉悦是愚蠢的。这只能是为获得闲适而遭到的报应，自寻烦恼而已。而且，更有甚者，虽然进食的时间很长，但真正用餐的时间却很短。因为当有些郑重其事的美食家正在称芦笋或切沙丁鱼时，却被猛撞向玻璃窗。有些自得其乐的美食家在猛冲疾驰的车上有幸泼洒汤食和打翻咖啡。这些赴宴席的人们跟这火车一样处于不遑暇食的匆迫之中。

事实上，这种驳杂只是惯例习俗而已。其实，如果一个人能独立地作判断的话，并不是人人愿意在饭店里聆听音乐，或者在火车上享受饮食之乐。而是一些相当庸俗的人们认为，如果饭馆里没有音乐可听的话，那它就不能按习俗看来算是一家完美的饭馆，如果筵席上不备有一道道菜的菜单的话，就不能算是一次宴会。结果这些习俗变得异常冷漠而令人不适。它们完全忽略了追求享乐的艺术，即明智地在可以寻觅到快乐的地方追求享乐。一般来说，享乐只能单独地、从差别甚至从对比中找到。有一位东方的智者说过："如果您有两块钱，花一块钱买一个面包，花另一块钱买鲜花。"我个人倒愿意冒昧地以一支雪茄或一杯葡萄酒代替鲜花，要是在那样的价格上消费这类东西并不属于相当苦行的话。但是，我可以肯定，在享受一种舒适的同时，享受一些更为简单的东西，是一个明智的原则，犹如将奇珍异宝置放到一个简朴无华的背景之下一样。这与一般人称之为简朴的生活并不一样——事实上，并不一致，简朴生活一般指经验的单调乏味的平庸性，既无闲适，也无苦行可言。真正的享乐追求则是舒适与苦行的结合，以至舒适可以真正被感受到，而不是任何将或多或少相互矛盾的享乐堆积在一起的行为。无视这一原则，那绝不是在追求享乐，而只是在破坏享乐。那些将享乐的色彩堆放在一起相扰的人们，完全可以极为妥帖地被称之为大杀风景的人们。

以舒适为目的

〔英国〕赫胥黎

　　我看不出不能提高人们思想境界的物质进步有什么道理。

　　我们要得到什么总不免要付出些代价，所以，要舒服就要以失去别的同样有价值甚至是更为有价值的东西作为代价。一位有钱人盖房子一般总是首先考虑他未来的住所是否舒服。他要花一大笔钱。因为舒适的代价是很高的：在美国，人们常说"水暖俱全，房屋出售"。在洗澡间、暖气设备和带软垫的家具等等上面，花了这笔钱，他就觉得他的房子是十全十美的了。要是在以前的时代，像他这样的人首先会考虑他的房子是否华丽，是否能给人以深刻印象——换句话说，就是先考虑美观再考虑舒适。我们同代人花在浴室和暖气上的钱在过去就会花在大理石楼梯、宏伟的外表、壁画、一套套金碧辉煌的房间和绘画雕像上。16 世纪教皇们的居住条件的不舒服在一位现代银行家看来会是不能容忍的。但是他们有拉斐尔的壁画，他们有西斯汀教堂，还有镶着古代雕塑的长廊。难道因为梵蒂冈没有浴室、暖气和软椅子，我们就应当觉得教皇们很可怜了吗？我有点觉得我们当前要求舒服的热情是有点过分了。虽然我个人也爱好舒服，但我曾住过不具有任何现代设备的房子而感到很快乐。东方人，甚至于南欧人是不大知道什么叫舒服的，他们的生活和我们祖先在几世纪前的生活差不多，可是虽然缺少我们那一套复杂而价值高昂的软绵绵的奢侈品，他们似乎生活得也很好。

　　我是个守旧派，仍然相信有高雅的也有低俗的东西，我看不出不能提高人们思想境界的物质进步有什么道理。我喜欢能节省劳力的装置，因为它们可以使人们省下时间去从事脑力活动（但是这是因为我喜欢脑力活动，有许多人可不喜欢这样，他们喜爱节省脑力的装置就和喜欢自动洗碟机和缝纫机一样）。我

智慧在成长

喜欢迅速而方便的交通，因为扩大人们可以活动的范围就会扩大他们的心胸。同样我也觉得寻求舒适是正当的，因为那样就可以丰富精神生活。不舒适会打扰思想的活动：身上又冷又酸痛的人要用脑子也是困难的。舒适是达到目的的手段，可是当前的世界却把它当作一种目的，一种绝对好的东西。也许有一天大地会被变成一张巨大的软垫床，人的躯体在上面打盹，而人的心灵却被压在下面，像苔丝蒂梦娜那样地被憋死了。

至　乐

〔英国〕斯蒂文森

我们手中有那么多迂阔的计划亟待实现，有那么多空中楼阁需要在沙上建立起来。

遇上天气晴和的暮色，无论闲伫旅店门前看看绮照落日，还是独立桥边，观观水草游鱼，都是人生一种难得的享受。只有这时，所谓赏心乐事这个词的充分意义你才能真正领会。这时你的筋骨肌肉是那么舒适轻松，浑身上下是那么爽洁健康，那么悠然自得，所以不论你坐立止息，都无所不宜，也不论你做什么，你都会做得踌躇满志，乐比帝王。你会毫不拘束地同任何人攀谈，不问贤愚，不分醉醒。那情形真仿佛这一番激烈跋涉早已将你身上的种种褊狭自尊都洗涤一空，剩下的唯有一颗好奇的心，它兴致勃勃、自由自在，正像你在儿童或科学家身上所见到的那样。你会将你个人的癖嗜完全抛到一边，而一心只注意发生在你面前的各种趣事，这些时而滑稽，好似一出闹剧；时而又庄肃，好似一篇古老的传奇故事。

或者夜深人静，你独自一人；或者风雨晦冥，你被困在炉边。这时不应忘记，彭斯在追忆他往日的欢乐时，就曾将进行过"愉快思想"的时刻，列为其中之一。这个短语对一个四面八方被钟表困得死死，甚至连在夜间也要被那带夜光的钟表闹得不安的现代人来说，不解其间意倒也不足为奇。我们今天实在是人人忙得过度，我们手中有那么多迂阔的计划亟待实现，有那么多空中楼阁需要在沙上建立起来，以便使之成为适合人居住的巍峨建筑，因此我们确实找不出时间到那思想之国或虚荣之山去做一次神游。当我们竟不得不在炉边一坐半夜，终宵无事时，那可真是环境大变。而当我们除了能将这种时光过得惬意，并无不适之外，甚至能"愉快思想"，那对我们大家来说更将是世界大变。我们总是这样一刻不休地忙于办事，忙于写作，忙于筹集器械装备，忙于使我们自己的声音在那永劫的饱含讥讪的空寂之中响一两声，结果我们往往忘记了一件更为重要的事——也就是说，忘记了生活本身。而比起这个，上述种种都不过是皮相而已。我们或溺于酒色，或流于享乐。海角天涯，到处奔波，仿佛一只只丧家之犬。但现在你却应当好好问问自己，在这一切烦扰之后，你是否觉得，假如你原来就能安守炉边，"愉快思想"，岂不比你目前的情形要强许多？一个人如果能经常安下心来，静静凝思一番——即使忆起美色，也能爱而不淫；见到功名，也能羡而不妒。时时处处都能以一副体谅同情的襟怀面对，而同时又能欣于所遇、安于现状——如果能做到这点，那岂不是真的参透德行睿智，永臻于幸福之境吗？比如沿街游行，那深得其乐的人往往并非是那威仪赫赫、持旗前导的人，却是那闲倚虚幌、隔窗一眺的人。

悠　闲

〔英国〕弗农·李

　　要真正领略到悠闲的滋味，必须从事优雅得体的活动。

　　我们通常不走进别人的房间，说声："噢！这才是人们感到宁静的地方！"，我们通常不期望去分享一座古宅的安宁，比如说，在僻静郊区的一座古宅，周围是结着鲜红果实的树，雪松半掩着窗，或者某座修道院，门廊前面依稀可见搭着支架的橘树。但在那整洁宽敞、精心装饰过的房里，或在那修道院里，绝无宁静可以分享，最多只能勉强过日子。这是因为我们不明了别人生活中的苦闷和烦恼，而对自己生活里的些微不便却很敏感。在这些问题上，我们自己的眼睛夹不得一粒泥沙，而对邻人遭受的灾难却视而不见、麻木不仁。

悠闲应以我们切身的感受为证，因为它不只是时间的因素，往往指某种特别的心境。我们所说的空闲时间，实际上是指我们感到闲适的时刻。什么是闲适，感受它远比说明它更难。这与无所事事或游手闲逛无关，尽管我们明白，它的确牵涉到自由支配时间的概念。等候在律师的客厅里有空闲的时刻，却无闲适之感；同样，我们在火车站换车，即使等上两三个小时，也享受不了那份清福。有这两种情形，我们都不会感到安宁自在——在这种场合能安心读报、学习或回味往日在海外的游历，那是十分罕见的。那时，我们心里总是烦躁不安，仿佛有什么东西在作祟，就像我们童年时不住地用脚去踢那慢吞吞的四轮车的软垫。

悠闲意味着不仅有充裕的时间，而且有充沛的愉快度时的精力 (不懂得这个道理，会感到百无聊赖)。同时，要真正领略到悠闲的滋味，必须从事优雅得体的活动，因为悠闲所要求的活动是发自内心的自然冲动，而非出自勉强的需要，就像舞蹈家起舞或滑冰者滑动，是为了合着内在的节奏，而不像把犁人耕地或听差跑腿，是为了得到报偿。正是这个缘故。一切悠闲都是艺术。

但这是一个难办的问题。时光，啊——何其疾速！我们必须结束这段闲话，各自行动起来才不枉费光阴——唯愿别登上它单调的车轮！这样，我们越是感到工作的乐趣，就越少尝到无聊的滋味，如果碰巧我们的工作很有意义。唉，可惜我们今天的工作常常无益。让我们乞求那位白胡须的老人吧，请他赐予我们闲暇，并给予使用它的快乐精力。圣者，请为我们祈祷！

先知的体验

〔美国〕威廉·詹姆斯

我们用怎样的标准来衡量才能使它成为珍贵的时刻呢？在某一个人身上，什么时刻才能使他的生活产生价值呢？

理查德·杰弗里斯写了一部出色的自传体小说《我心中的故事》。该书讲述了他年轻时代的一段消魂夺魄的感受：

"我全然沉浸在阳光和大地的拥抱中，静静地躺在草地上，我在心底对大地、太阳、空气和遥远无际的大海诉说着……我周身升起一种无比强烈的情感，我与这大地、这阳光、这天空，以及那阳光背后的星星融为一体，与海洋和我祈祷的一切融为一体，我无法描写出所有这些令人颤抖的情感，仿佛它们是被强力拨动的琴弦……光芒四射的太阳、广袤而亲切的大地、温暖的晴空、清新甜美的空气、海洋深邃的思想，一切无法表达的美充满我心，让我消魂失魄、灵魂出窍、荡气回肠。我带着这种荡气回肠的感受祈祷着……祈祷着，这激情澎湃的灵魂本身并不为一种对象而祈祷，它是一种激情。我将我的头深深地埋在草地里，我完全被激情折腾得筋疲力尽，我狂喜不已，魂消云外……如果有位牧羊人看见我躺在草地里，他只会认为我是在此小憩片刻。我没有任何外在表露。谁能想象到，当我躺卧在那里时，这激情的旋风正横扫着我的内心。"

当然，如果人们用通常的商业价值尺度来衡量的话，这只是一个毫无价值的时刻。然而，如果说价值不在于这类激动人心的感情意义之中，又有什么其他类型的价值能够使它成为珍贵的时刻呢？我们用怎样的标准来衡量才能使它成为珍贵的时刻呢？在某一个人身上，什么时刻才能使他的生活产生价值呢？

然而，我们自己的实际兴趣使我们对所有其他事物都是如此地盲目和迟缓，以至于，假如一个人希望获得对这类非人格价值世界的更广阔的洞悉，或

智慧在成长

者希望在广大的客观范围里获得任何对生活意义的领悟，他就会感到，仿佛差不多所有这一切都必然成为毫无价值的实际存在。唯有你神秘的心灵、你的梦想、或者是你想象中那无法实现的漂泊者或闲逛者，才能使你产生具有同感的对生命价值的占有。在光芒闪烁的眼睛里，这种占有将改变通常的人类价值标准，给愚昧以超过权力的地位，顷刻间摧毁各种分别，而正是这些分别使平日含辛茹苦的人创造了各自不同的生涯。此时，你可能成为一位先知，但你无法成为彻底的成功者。

第二辑

人际背后的秩序

没有比人更擅于社交，又不擅于社交的。

——波德莱尔

智慧在成长

精纯的谈话

〔美国〕弗洛姆

　　他们错误地认为,如果全神贯注地听人谈话,也许他们会感到更加困乏,更加慵倦。

　　一个人必须学会对他所做的每件事情全神贯注,诸如听音乐、读书、同人交谈、游览风景。此时此刻的活动,应该是唯一重要的活动。一个人在这种活动中,应陶然忘我。如果一个人全神贯注,不管在做什么事情,都会无关宏旨。无论是重要的事情也好,不重要的事情也罢,它们都会显示现实性的新的方面,因为它们都需要全神贯注。学会全神贯注,要尽量避免繁琐的交谈,也就是所谓无关痛痒和不着边际的交谈。如果两个人谈论他们所了解的树的生长,或者谈论他们工作中的共同经验,或者谈论他们刚刚一起吃过的馒头的滋味,那么,这样的话题就会谈到点子上。只要他们都体验到他们所谈论的东西,并且又不是以一种抽象的方式体验,就完全有可能出现中肯的交谈。在另一方面,谈话的内容,可以是有关政治和宗教的事情,但它们应通俗易懂。当两个人以一种陈腐而俗套的方式交谈,而且又心不在焉或心猿意马时,就会出现繁琐交谈的现象。

　　在这里,我应该捎带提醒一下:避免坏的同伴,正如避免繁琐的交谈一样,是非常重要的。坏的同伴,我所指的不仅是险恶而带危害性的人,因为他们的生活方式和生活行为会危害别人,会令人不快。坏的同伴,我也是指那些讨厌的家伙,以及虽身躯存在而灵魂死亡的人。这些人的思想和话题是没有半点价值的,他们唠唠叨叨地说个没完,而不是好好地交谈;讲一些陈辞滥调,而不是多加思索地表达思想。然而,要避免这一类同伴,总是不可能的,甚至

没有必要。假使一个人不是以一种错误的方式——即以陈辞滥调和繁琐交谈的方式——来应答对方，而是坦率且允满人性地回复对方，那么，他就会常常发现这些人会改变自己的行为，并且，这些人常常会从突如其来的惊诧中获得教益。

全神贯注，相对别人而言，主要是对别人说的话洗耳恭听。大多数人听到别人讲话，也给人以忠告或建议，但却没有真正听懂别人讲的话。他们不是一本正经地对待别人讲的话，他们也不是严肃地对待自己的回答。结是谈话使双方疲惫不堪。他们错误地认为，如果全神贯注地听人谈话，也许地会感到更加困乏、更加慵倦。可是，相反的做法才是正确的。任何活动，只要以全神贯注的方式进行，就会使人更觉醒（虽然以后自然而有益的疲劳会产生）；而每一种心不在焉的活动，会使一个人昏昏欲睡——与此同时，在一天工作结束后，它反而叫人更难入睡。

盛　宴　上

〔德国〕康　德

在谈话卡壳的时候,你必须懂得将另一个与此相关的话题以不易觉察的方式引入交谈。

如果菜肴的丰富仅仅是为了长时间地让客人们团聚在一起，那么在盛宴上，谈话通常却经历了三个阶段：讲述、嘲骂和戏谑。首先，谈话从当天新闻开始，开始是当地的，然后是外地的，或由通信和报纸传来的新闻；其次，当这种最初的兴致满足后，宴席就会热闹起来，因为对同一个被引上路的话题，各人根据玄想所作的评价不可避免地是有分歧的，但每个人恰巧都不认为自己的评价是最不足道的意见，这样就产生出一种争论，它刺激起人们的食欲，并且这争

论在一定的热烈程度上，有益于人们的健康；最后，由于玄想总是需付出某种形式的劳动和努力，而这种努力由于在运用玄想时极其丰富多彩的享受最终会变得疲倦，所以谈话自然而然地就降到仅仅是开玩笑的游戏上来，这一方面也使在场的太太们高兴。对于女人的性别作稍微放肆但不至于使人难堪的攻击，会起到让男人通过笑话表现出自己优越性的作用，于是聚餐就以大笑结束。当这种大笑是真诚的、善意的时候，横膈膜和内脏的运动将促进胃的消化，从而促进身体健康。宴会的参加者们却以为是在这个过程中发现了精神文明。

聚餐时有这样一条规则，如无必要不要改变话题，也不要从一个内容跳到另一个内容。因为聚餐结束时的心情正如一出戏结束时一样，不可避免地要沉浸于对谈话的各个不同场景的回忆之中，这时如果心灵找不出一根相互关联的线来，就会使人感到纷乱，觉得不但没有在文化教养方面得到进步，反而遭到了削弱，从而心怀不满。在过渡到另一个话题去之前，必须差不多穷尽了前一个有兴致的话题的底蕴，而在谈话卡壳的时候，你必须懂得将另一个与此相关的话题以不易觉察的方式引入交谈，这样，社交中某个唯一的人就能不被察觉和不遭嫉妒地接过谈话的领导者的角色。

不要让自己和朋友们的固执己见产生和继续下去，因为这种交谈与其说是一种事务，不如说只应当是一种游戏，应当通过一种适当插入的戏谑而将那种严肃认真避开。在那种无法避免的严肃争吵中把自己和自己的激情小心地保持在原则范围内，以便表现出相互尊重与友爱，在这里，重要的与其说是谈话的内容，不如说是谈话的声调，这样就不会没有一个客人带着与另一个客人的不和而回到家里去。谈话（聚餐时）选择的话题要尽量选择使大家都感兴趣的，并总能引起某些人作适当补充的话题以避免出现僵住的沉默。

智慧在成长

尊重妇女

〔英国〕兰　姆

只有到了那一天,世界上的多半苦工和粗活都不再交给妇女们承担。

我相信,总有一天,那些公子哥儿们,不仅在自己人的圈子里被当作对妇女礼貌周到的出色代表,而且,到了下层社会,在别人不知他们为何许人的地方,在他们觉得自己不受人注意的时候,也能照此处世——那时候,某位坐在马车上旅行的富商,也许会脱下他那令人羡慕的外套,披到一个贫穷妇女的衣衫单薄的肩膀上,因为,她为了赶回自己的教区,不得不坐到车顶上去,结果被一场雨淋得浑身透湿。——那时候,再也不会看到某位妇女站在伦敦一个戏院的台下看戏,一直站到头昏眼花,眼看就要晕倒,而周围那些男人们不但舒舒服服地在那里坐着,而且对她那副惨相还要加以嘲笑。后来,有一个人似乎比其他人稍稍懂点儿礼貌,稍稍有点儿良心,他大有含意地宣称说:"要是她年轻一点儿,漂亮一点儿,我就叫她坐到我的位子上了。"——这位伶俐的绅士或者上面说的那位乘客,要是到了和他们熟识的妇女们当中,你就看吧,即使在全英国,你也找不到比他们更有礼貌教养的人。

只有到了那一天,世界上的多半苦工和粗活都不再交给妇女们承担,那时候,我才相信确有这么一条准则指导我们的行动。

但是,在那一天到来之前,我只能认为:这个被如此吹嘘夸耀的目标,不过是老一套的虚构,不过是那些具有某种身份的男女之间,在人生某一时期的一种公开表演,这么做,对他们双方都有好处。

我甚至愿意把这算作人生中一种有益的假想:有那么一天,在上流人的圈子里,对于老太太和年轻姑娘,对于不好看的面孔和漂亮的脸蛋儿,对于皮肤粗糙的女人和皮肤白皙的女人,都同样表示殷勤——就是说,每一个女人都被

作为女士来尊重，并非因为她是美人儿、富家女、贵妇人。

只有到了那一天，我才相信这种礼貌并不仅仅是一种虚名——那时候，某位衣冠楚楚的绅士，在一群衣冠楚楚的客人当中，谈到"老年妇女"这个话题的时候，不至于引起，也不想故意引起一阵冷笑——那时候，在有教养的人群当中，倘若有人使用"老处女"，或者提起某某女士"在市场上滞销"，听见这话的男男女女立刻就会产生公愤。

差 异

〔美国〕玛格丽特·米德

我们必须懂得，任何其他一代人不会取得我们所取得的经验。

今天，上了年纪的人们应该了解，他们的过去是不可传播的。尽管对事物的发展感到失望，他们不得不教育孩子别提问题——因为他们决不会理解。我们必须懂得，任何其他一代人不会取得我们所取得的经验。从这个意义上说，我们应该认识到：我们没有后人——正如我们的子女没有前人一样。

在讨论两代人的冲突时，大多强调青年人对老人的疏远，而往往完全忽视了年长者对年轻人的疏远。人们根本没有考虑到，真正的沟通在于对话，但生活中的对话双方往往没有一方掌握必要的词汇。

我们知道，说两种语言，在根本不同的文化——比如中国和美国——成长起来的两种人交流的困难。不仅是语言，还有两种经验的不可比较性阻碍他们互相理解。然而，如果每个人都愿意学习对方的语言，了解两种文化的前提，那么双方还是可以交谈的。这种情况不多，但能够做到。

如果具有两种不同文化的人说同一种语言，比如美国人和英国人说英语，西班牙人和拉丁美洲人说西班牙语，那么问题就比较微妙和困难了。这时只有当双方认识到：他们不是说一种语言，是在说"相同的"思想，尽管语言在其中产生差异。有时产生完全不同意义的两种语言，才有可能真正交流。只有基于这种认识，而且彼此愿意互相倾听，提出问题，才能开始一种富有成效的对话。

智慧在成长

两代人的问题也在于此。一旦老人和青年在思想上确认两代人之间存在着一种深刻的、没有先例的、世界性的新矛盾这一事实，就能进行沟通了。但是只要一个成年人还以为，他可以像他的父母和传统的老师一样从内心唤起对自己青年时代的回忆，并且这样理解年轻人，那他就失败了。

父母之爱

〔美国〕弗洛姆

成熟的人，不受父亲和母亲的外在形象约束，而是将父亲和母亲的形象同化于内心。

父母亲对儿女的态度要符合儿女自身的需要。婴儿需要母亲无条件的爱以及生理和心理上的关心；6岁以后的儿童开始需要父亲的爱、父亲的威信、父亲的指点和忠告。母亲有职责给儿女以生活中的安全感；父亲有职责教育和指导儿女怎样为人处世，怎样对付那些具体社会环境中所面临的问题。母亲的爱不应妨害儿女的成长和发展，不应助长他们的依赖性。母亲应该相信生活，因此，她不应该过于忧虑。这样，就不会因她过于忧虑而影响儿女。她生活中的一部分应该是希望，即希望儿女从开始独立到最后离开母亲。父亲的爱应该以原则和期望为先导。它应该是忍耐而宽容的，应该是恢宏大度的，而不应该是威胁和专制的。父亲的爱应不断地帮助正在成长的儿女发展他们的独立能力，增长他们的见识，最终允许他们有自己的权威，让他们摆脱父亲权威的影响。

最后，成熟的人达到了他就是自己的父亲和自己的母亲的阶段。可以说，他有了一种父母亲的良心感。母亲的良心感是："不要做坏事，不要犯罪。坏事和罪行会使你把我对你的爱以及对你的希望化为泡影。"父亲的良心感是："你做错了事，要勇于承担和应付责任或后果。特别是你必须悔过自新、重新做人，这样我才会喜欢你。"成熟的人，不受父亲和母亲的外在形象约束，而将父

亲和母亲的形象同化于内心。但是，这与弗洛伊德的"超我"概念是相悖的。成熟的人在内心形成了父母亲的形象，途径不是父母亲的内化体现，而是依靠自己爱的能力形成了一种母亲式的良心感，同时，依靠自己的理智和鉴赏力形成了一种父亲式的良心感。尽管母亲的良心感和父亲的良心感看起来有点自相矛盾，但是成熟的人，爱人时总是有这两种良心感。如果他只有父亲的良心感，他会变得尖刻而残酷；如果他只有母亲的良心感，他往往会没有理智、失去鉴赏力，妨碍自己和别人的情感发展。

心理健康和达到成熟的基础就在于：从以依恋母亲为中心发展到以依恋父亲为中心，最后将这两种依恋结合到一起。神经病人的根本病因就是不能顺利地发展这三个阶段。

友谊之于人

〔英国〕培　根

最可靠的忠告只能来自于最了解你的友人。

有人认为两双眼睛所看到的未必比一双眼睛看到的更多；或者以为一个发怒的人未必没有一个沉默的人聪明；或者以为毛瑟枪不论托在自己肩上，还是支在一个支架上会打得一样准——总之，认为有没有别人的帮助结果都一样。但这些话其实只是十分骄傲而愚蠢的说法。最有益于事业的无过于忠告。在听取意见的时候，有人喜欢一会儿问问这个人，一会儿又问问那个人。这当然比不问任何人好。但也要注意，在这种情况下会有两种危险。一是这种零敲碎打得来的意见可能是一些不负责任的看法。因为最好的忠告只能来自诚实而公正的友人。另外，这些不同源泉的意见还可能会互相矛盾，使你莫衷一是，不知所从。比如你有病求医，一位医生虽会治这种病却不了解你的身体状况，结果服了他的药这种病虽然好了，却可能从另外的方面损害你的健康，虽然治了病也伤了人。所以最可靠的忠告只能来自于最了解你的友人。

友谊对于人除了有以上所说的这些益处以外，还有许多其他方面的益处，多得如同一只石榴上的果仁，难以一一细数。如果一定要说的话，那么只能这样说：只要你想想一个人一生中有多少事情是不能靠自己去做的，就可以知道友谊有多少益处了。因此古人说：朋友就是人的第二个"我"。但这句话的分量其实还不够，因为朋友并不仅是另一个自我。

人生是有限的。有多少事情人来不及做完就死去了。但如果有一位知心的挚友，人就可以安心瞑目，因为他将能承担你所未做完的事业。因此一个好朋友实际上可以使你获得又一次生命。人生中又有多少事，是一个人由自己出面所不便去办的。比如，人为了避免自夸之嫌，很难由自己讲述自己的功绩。人的自尊心又使人在许多情况下无法低声下气去恳求别人。但是如果有一个可靠而忠实的朋友，这些事就都可以很妥当地办到了。又比如在儿子面前，你要保持父亲的身份；在妻子面前，你要考虑身为男子汉的体面；在仇敌面前，你要维护自己的尊严；但面对作为第三者的朋友，你就可以全然不计较这一切，而就事论事，实事求是地表现最真实的自我。

由此可见，友谊对人生是何等重要。它的好处简直是无穷无尽的。总而言之，当一个人面临危难的时候，如果他平生没有任何可信托的朋友，那么我只能告诉他一句话——他只能自认倒霉了！

友　谊

〔黎巴嫩〕纪伯伦

他是你用爱播种，用感谢收获的田地。

一个青年说：请给我们谈友谊。

他回答说：

你的朋友是你的有回应的需求。

他是你用爱播种，用感谢收获的田地。

他是你的饮食，也是你的火炉。

因为你饥渴地奔向他，你向他寻求平安。

当你的朋友向你倾吐胸臆的时候，你不要怕说出心中的"否"，也不要瞒住你心中的"可"。

当他静默的时候，你的心仍要倾听他的心。

因为在友谊里，不用言语，一切的思想、一切的愿望、一切的希冀，都在无声的喜乐中发生而令人可以共享了。

当你与朋友别离的时候，不要忧伤。

因为你觉得他最可爱之处，当他不在时愈见清晰，正如登山者在平原上望山峰，也加倍地分明。

除了寻求心灵的深邃之外，友谊没有别的目的。

因为那只寻求着要显露自身神秘的爱，不算是爱，只算是一张撒下的网，只能网住一些无益的东西。

把你最佳美的事物，都给你的朋友。

假如他必须知道你潮水的下退，也让他知道你潮水的高涨。

你找他只为消磨光阴的人，还能算作你的朋友么？

你要在成长的时间中找他。

因为他的时间是满足你的需要，不是填满你的空虚。

在友谊的温柔中，要有欢笑和共同的喜悦。

因为在那微末事物的甘露中，你的心因寻到他的清丽而焕发精神。

智慧在成长

虚　情

〔古罗马〕西塞罗

为了取悦你,他假装和你争辩,最后认输,承认你的胜利。

完全以真实性为标准的东西在友谊中有什么作用呢?在友谊中, 如果你看不到朋友坦荡的心, 以及向朋友敞开你坦荡的心, 你就不会相信和确认任何东西。你不敢去爱, 也不敢被爱, 因为你不知道爱是否是真实的。这种阿谀逢迎不管多么有害, 实际只能伤害那些接受它和以它为乐的人, 而不能伤害其他任何人。事实往往如此, 那些最喜欢听信阿谀逢迎之辞的人, 就是那些最喜欢逢迎自己的人, 最爱自鸣得意的人。

诚然, 美德是自爱的。她对自己有最深刻的理解, 她清楚地知道自己有多么可爱。但是, 我要讲的不是美德本身的性质, 而是对美德的态度。许多人根本不想具备美德本身, 只是想让人家觉得他们有美德。正是这样的人最喜欢阿谀逢迎。当他听到那些虚假的和取悦于人的言辞时, 他当真认为这种空洞的话就是自己功绩的证明。只要有人不愿听真话, 有人时刻准备讲假话, 真正的友谊就不可能存在。如果没有好虚荣的武士, 戏剧中靠阿谀逢迎而寄生其门下的小丑也就不会使我们觉得好笑了。

"塔依斯是十分感谢我吗?"

回答"是十分感谢"已经足够了, 但他却说:"万分感谢。"阿谀者总是要突出听话者想要听到的大话和美言。

因此, 不但那些追寻和招引阿谀逢迎的人受着阿谀和虚假之言的左右, 就是那些稳重和意志坚定的人也要分外小心, 留神不要做了狡诈的奉承的俘虏。只要人们不是愚蠢到了极点, 谁都可以对公开的献媚有所认识。但对那些狡诈和隐蔽的献媚, 我们要时刻注意, 不要让它们渐渐动摇了我们的心。认清这些

人不是件容易的事，实际上他们常常是用提出反对意见的办法来迎合你。为了取悦你，他们假装和你争辩，最后认输，承认你的胜利。这样，你被蒙骗了，以为你有更高的见识。这种受人愚弄的事不是最可耻的吗?你一定要警惕不要让伊庇克莱鲁斯剧中那个人的事发生：

"今天你狡诈地欺骗了我，我成了比舞台上年老愚蠢的丑角还愚蠢的人。"

在戏剧中，最愚蠢的人总是那种目光短浅又轻信的老人。

义务至上

〔苏联〕苏霍姆林斯基

如果你失去了道德义务感,那末开始你还只是一个渺小的自私自利者,然后你会发展成为一个卑鄙无耻的人，最后你会成为叛逆者。

人不可能单独生活，一个人最大的幸福与欢乐莫过于跟别人交往。

每个人都要履行义务。我们生活的全部意义就在于：我们大家都要履行义务，不这样做就不可能生活。你生活在社会中，随时随地要同别人打交道，你的每一种满足和欢乐，都要别人为你付出代价，为你花费精力和体力，为你操劳，为你担忧、焦急和思虑。假如人不履行各自的义务，生活就会变得混乱不堪，光天化日之下也无法出门。清楚地理解和严格地履行你对人们应尽的职责，这才是你真正的自由。你越是以人的态度自觉地履行对人们的义务，你从那取之不尽、用之不竭的人的真正幸福源泉——自由——之中得到的东西也越多。你如果试图把自己从责任感的约束下解脱出来，你就会变成你自己的各种任性要求的奴隶。如果一个人要做的不是他应该做和必须做的事，而是随心所欲、任意胡来，这势必会导致道德上的空虚、变质和堕落。要警惕个人欲望变成你的精神枷锁——假如不严格克制自己，不受道德义务感的约束，你就会变成一个没有意志力的人。

智慧在成长

在道德义务感中，人总是在某些方面对别人采取谦让的态度。生活中常有这种情况：有的人轻松一些，有的人艰难一些；有的人得到的欢乐多一些，有的人少一些；有的人处境好一些，有的人差一些。人的道德义务感的哲理恰恰在于发现并从内心加以判断：什么地方你应该对别人尽义务，什么地方别人应该对你尽义务。比如，形象地说，如果我们能够睁开心灵的眼睛观察人们相互之间这些极微妙的关系，如果每个人经常地，随时随地注意这些关系，那么，在道德生活中就会出现普遍的和谐，正如高尔基形象地描写的那样，人们也会像星星对星星一样倾心相待了。

从日常生活中最不引人注目的行为，比如从你在电车、公共汽车上给上年纪的人让座，直到对子女的生活、命运和未来承担人类伟大的天职。但愿道德责任感成为你全部生活的主宰。如果你失去了道德义务感，那么开始你还只是一个渺小的自私自利者，然后你会发展成为一个卑鄙无耻的人，最后你会成为叛逆者。要记住：人的最大不幸，就是从忘记自己的责任开始的，最初，似乎是在小事情上，然后就会发生在重大事情上。

伤　害

〔美国〕艾德勒

道德好的人或有美德的人是不可能受到他人给自己带来的严重外来伤害的。

柏拉图笔下的苏格拉底在审判即将结束时说：在今生或来世，一个好人是不可能受到伤害的。如果把这句话解释成，道德好的人或有美德的人是不可能受到他人给自己带来的严重外来伤害的。也就是说，如果一个人所能遭受的唯一严重伤害是因为他行为不道德或不正当的话，那么我们就会看出柏拉图认为：受屈辱总比使人屈辱好。

　　我反对柏拉图的观点是基于对人类幸福概念的考虑。因为人要幸福，就要拥有一切对他来说是真正好的东西。这其中，道德上的善，或者说是美好的意志，不管多么重要也只能是其中之一。生命与自由，知识与朋友，健康与适量的财富以及其他财产，所有这些也都是实实在在的好东西。过好日子没有这些是不行的。

　　因此，如果我受到奴役；如果我的健康受到损害；如果我由于被剥夺而财富不足；如果我受到蒙骗而不明真相等等，那么，我对幸福的追求就会受到严重损害或者挫折。这就是我可能会遭受的他人对我的伤害，或者说，这就是我所在社会的不正义对我的伤害。

　　所以，我认为对柏拉图所说的不正义待人和遭受不正义待遇问题不能一概而论。在特殊情况下，当我面临某些选择时，我有可能会感到，与其对他人不正义还不如忍受他人对自己的不正义，因为我所受的伤害对我追求的幸福影响甚微，而我对他人不正义对我道德品格的影响则会产生更严重的后果。不过，我忍受他人对我的不正义是有前提的，那就是，只有我的不正义行为在这种具体情况下会引起一系列不正义行为，因而改变我的习惯气质，并最终使我丧失美德，其实这是不大可能的。

　　只有当威胁我们的外来伤害会使我们丧失幸福生活所需要的某种真正好处时，我们才会感到，对人不正义还是忍受别人对自己的不正义，进行这种选择是困难和棘手的。如果我们为了避免对自身幸福有威胁的伤害发生，而不得不采取一次不正义的行动，而这种行动又不会使我们丧失美德的话（因为一次行动既不能形成，也不能破坏已有的习惯），那么，在这种特殊情况下，采取不正义的行动，而不是忍受他人对自己的不正义，或许是可取的。

智慧在成长

群体意志

〔英国〕劳伦斯

我们只需像旧时的首领那样带着鞭子前去。刀剑不能恐吓它们，它们太多了。

比固定和晦涩的个人意志更糟的是可怕的群体意志。它们阿谀奉承，夹着尾巴就像鬣狗一样。它们是一群畜牲，一群令人作呕的牧群，在整体上坚持一个稳定的热度。它们只有一个温度、一个目标、一个意志，把它们包含进一个晦涩的"一"中，就像大量的昆虫或羊群或食腐动物。它们想干什么?它们是想保持自己与生死相分离的状态。它们的愿望已宣告了它们的绝对。它们是骄傲自大的，不能缓和的存在物，已经获得了一种安全的实体。它们是它，不折不扣的它。它们是封闭的、完美的，它们在整个牧群中有自己的完美，在整个群体中有自己的整体。它们在众多的群体中有自己的整体。牧群是这样，人类也是这样。一个晦涩的整体，它本不是整体，而只是一个多重无价值的存在。但是，它们的多重性是如此之强，以致于它们能够在一段时间内公然对抗生和死，就像那些微弱的昆虫，因为数量上的优势而显得十分有力，令人畏惧。

祈求这些可怕的盲从是毫无益处的。它们既不懂生的语言也不懂死的语言。它们是肥胖的、多产的、不可数的、力量无比的。但事实上，它们是令人恶心的衰败的奴隶。可如今，这种奴隶却占了上风。然而，我们只需像旧时的首领那样带着鞭子前去。刀剑不能恐吓它们，它们太多了。但无论如何，我们应不惜任何代价征服这无价值的牧群。它们是最坏的懦夫。这奴隶的牧群已经胜利了。它们的残暴就像一群豺狼的残暴。但是我们可以将它们吓回到原来的位置上，因为就像它们十分傲慢一样，它们也十分怯懦。

甜蜜的、美丽的死神来帮帮我们吧! 请闯入牧群中，在它的孤独的完整中开出一条沟来; 甜蜜的死神，给我们一个机会吧! 让我们逃避牧群，和一些别

44

的生物聚集到一起与它抗衡。哦，死神，用死来净化我们吧！清洗去我们身上的恶臭和那种不能容忍的、带有否定意义的人类大众的"一"。为我们打破这恶臭的监狱，我们在这儿，在这一群活的死亡的臭气中几乎要窒息而死。美丽而具有破坏力的死神，去粉碎那一群人的完美的意志，那专顾自己的臭虫的意志。粉碎那晦涩的一致。死神，现在是宣告你的力量的时候了。它们那么久地蔑视，它们在它们疯狂的自负中甚至已开始拿死神做交易，就好像死神也会屈服似的。它们以为自己可以利用死，就好像它们这么久地利用生一样，来达到它们自己无价值的基本目的。暴死有助于它们这种封闭的、傲慢的自以为是。死是为了帮助它们按原样维持它们自己，永远成为那种乐善好施的、自以为正确的人类大众的臭虫。

爱 邻 人

〔德国〕尼 采

我更愿意劝说你们去躲避邻人和去爱远方的人！

你们拥挤在邻人周围，并对他说许多美好的话。但是我告诉你们：你们对邻人之爱是对你们自己恶劣的爱。

你们躲避自己而跑到邻人那里，并且想从中为自己创造一种道德，但是我看穿了你们的"无我"。

这个你比这个我要古老，这个你被说得很神圣，但还不是这个我，于是人拥挤到邻人那里。

难道我会劝说你们去爱邻人？我更愿意劝说你们去躲避邻人和去爱远方的人！

比爱邻人更高尚的是爱远方的人和爱未来的人；比对人们的爱更高尚的是

对物的爱和对幽灵的爱。

我的兄弟，来到你面前的幽灵比你更美，为什么你不把你的肉和骨给他?你害怕了并且跑到你的邻人那里。

你们不能和自己好好相处，你们不够爱自己，现在你们想诱惑邻人去爱，并且用他们的错误为你们自己镀上一层金。

我希望你们不能同一切最亲近的人及其邻人相处，这样你们就不得不使你们自己成为你们的朋友和他们的沸腾的心。

如果你们想要好好地谈论你们，那么你们就应为你们自己请一位证人；如果你们诱惑他好好地考虑你们，那么你们应好好地考虑你们自己。

不仅仅是说话违背其知识的人说谎，而且说话违背其不知不识的人更是说谎。这样，你们在交往中谈到你们，并且一起欺骗别的邻人。

因此，蠢人说:"与人们交往败坏性格，特别是如果有人没有性格的话。"

一个人到邻人那里去，因为他寻觅自己，而另一个去，是因为他想要逐渐消失。你们对你们自己的恶劣的爱给你们制造了一个由孤独造成的牢狱。

正是比较疏远的人为你们的对邻人之爱付出代价。

成人之美

〔美国〕爱因·兰德

判断究竟在何时或是否帮助他人的适当方法，就是要参照自我理性的利益和相应的价值等级。

人们从他们所爱的人之中，感受到深刻的自我快乐。它是人们从爱中获得、寻求和引申出来的自我幸福。

"无私"或"无功利"的爱在术语上是自相矛盾的：它意味着对自己所珍视的价值没有任何兴趣。

考虑自己爱人的利益是个人自我利益的理性成分。如果一个男人炽热地爱着自己的妻子，那么，他花费巨额钱财医治她的绝症，就不能被看作是为妻子所做的自我牺牲，否则是愚蠢的。如果不是他所爱的妻子，他对她的生存或死亡就会无动于衷，不管这是个体的还是自私的原因。

任何为自己所爱的人做的事情绝不是牺牲。面对他的价值等级，以及整个选择的背景，他总是追求对他来说是最高的价值。在上面的例子中，他妻子的存在远远高于任何他能用钱买到的东西，这是他自己幸福的至关重要方面，所以，他的行为不是自我牺牲。

但是，假定他放弃医治妻子，而把钱用于拯救另外 10 个妇女 (所有这些人都与他无关)，如同利他主义所要求的那样去做，这是一种自我牺牲。这里，可以很清楚地发现客观主义与利他主义的区别：如果牺牲是行为的道德标准的话，那这位丈夫应该牺牲妻子而拯救另外 10 个妇女。他妻子与那 10 个妇女有什么区别呢?没有，仅仅是因为他妻子对他具有一种价值，仅仅是他的幸福要求妻子的存在。

而客观主义伦理学将告诉他：你最大的道德目标是获得你最大的幸福，你的钱是你自己的，用它医治你的妻子，这是你的道德权利，以及你理性的、道德的选择。

根据利他主义的理论核心，道德家会劝那位丈夫做出相反的行为 (你可以自问一下利他主义是否是出于仁慈)。

判断究竟在何时或是否帮助他人的适当方法，就是要参照自我理性的利益和相应的价值等级：人们所给予的时间、金钱或努力必须与自己幸福相关的价值保持一致。

用利他主义的例子可以说明这一点：即救助一个溺水的人。如果被救的是一个陌生人，那道德的适当性在于这种救助对自己的生命造成危险的可能性最小；如果危险极大，这种救助并不是道德的。只有缺乏自尊的人才会将自己的价值看得比任何一个陌生人要低。

智慧在成长

自我冲突

〔法国〕卢　梭

在施恩者与受惠者之间,存在着某种所有契约当中最神圣的契约。

只要我的义务与我的感情相冲突,除非是在我什么都不必做的情况下,否则前者很少会占上风。那时,我常常是有能力的,但我却不能逆本性而行事。如果我的心没有向我呼唤,我的意志就会充耳不闻,不管是人,还是义务,或是什么必然性,都无法叫我唯命是从。我看见祸害的威胁,但我宁可任其降临,也不愿为防范它而激动不已。我偶尔在开头很卖劲,但这种卖劲很快就使我厌倦,使我精疲力竭,我就再也无法坚持下去。在一切假想的事情中,凡是我不带乐趣去做的,很快我就无法做了。

更有甚者,与我的愿望相符却带几分勉强的事,只要稍为过分一点,就足以使我的愿望丧失殆尽,使它变成令人厌恶,甚至强烈反感的东西。这就使别人强求我比别人并不强求而是我自己甘心情愿去做的好事使我感到苦楚。纯属无报偿的好事是我乐于做的,但是,当人们把这种受惠视为应得而恣意索取,否则便以怨相报时,当某人因我当初乐意为他做好事而认定我从此永远做他的恩主时,我就开始感到不自在,乐趣也就悄然消失了。这时,如果我迁就,继续这样做下去,就意味着软弱和羞耻,诚意在此也就荡然无存了。我非但不能因此而感到满足,反而像做了违心事般受到良心的谴责。

我懂得,在施恩者与受惠者之间,存在着某种所有契约当中最神圣的契约。那就是他们相互结成的某种社会关系,它比通常维系着人们的那种社会关系更加紧密。假如受惠者暗自发誓要感恩图报,施恩者同样会发誓把他刚向前者表示了的诚意再向另一个人表示——只要他是受之无愧的。而且,每当他能够做,别人又有求于他,他就会再次做出这种善行。这些条件是不成文的,那仅仅是

建立于他们之间的关系所产生的自然结果。一个人，拒绝给予别人帮助，被拒绝的人是没有任何权利责怪他的，而在同样情况下，他拒绝给曾给过他好处的人以同样的好处，那就意味着他使那个人失望了，因为他使别人对他产生的期待落空了。人们会感到这种拒绝中有某种说不出的不公道，比拒绝本身更加冷酷的东西。但这种拒绝仍不失为某种独立不羁所产生的效果。这种保持独立于其他人的倾向是人类的共同倾向，放弃它是不容易的。

如果我还债，我是在尽我的义务；而我给人馈赠，那我是在自寻乐趣。不过，尽自己义务的乐趣，也是唯一的高尚习惯所产生的乐趣之一，因为，直接从我们的本性中产生的乐趣不会像它这样达到如此的高度。

给　予

〔美国〕弗洛姆

在真诚的给予中，他无意识地得到了别人给他的报答和恩惠。

在物质方面，给予意味着自己的富有。不是一个人有很多他才算富有，而是他给予人很多才算富有。生怕丧失什么东西的贮藏者，如果撇开他物质财富的多少不谈，从心理学角度来说，他是一个贫穷而崩溃的人。不管是谁，只要他能慷慨地给予，他就是个富有的人。他把自己的一切给予别人，从而体验到自己生活的意义和乐趣。只有那种连最低生活需要也满足不了的人不能从给予的行动中得到乐趣。然而，日常经验表明：一个人所认为的最低需要，取决于他的性格特征，就像他所考虑的最低需要取决于他的实际财产一样。众所周知，穷人要比富人乐于给予。但是贫穷得超过某种限度的人是不可能给予的。同时，要求贫穷者给予是卑劣的。这不仅是因为贫困而给予会直接给贫困者带来痛苦，而且是因为它会使贫困者丧失了给予的乐趣。

智慧在成长

然而，给予最重要的意义并不在于物质方面，而尤其在于人性方面。一个人能给予另一个人什么东西呢?他把自己的一切给予别人，把自己已有的最珍贵的东西给予别人，把自己的生命给予别人。这不一定意味着他为别人牺牲自己的生命，指的是他把自己身上存在的东西给予别人，把自己的快乐、兴趣、同情心、谅解、知识、幽默、忧愁——把自己身上存在的所有东西的表情和表现给予别人。在他把自己的生命给予别人的时候，他也增加了别人的生命价值，丰富了别人的生活。通过提高自己的生存感，他会提高别人的生存感。他不是为了接纳才给予。给予本身就是一种强烈的快乐。在给予中，他不知不觉地使别人身上的某些东西得到新生，这种新生的东西又给自己带来了新的希望。在真诚的给予中，他无意识地得到了别人给他的报答和恩惠。

给予暗示着让别人也成为给予者，双方共同分享他们已使某些东西得到新生的快乐。由于在给予的行为中某种东西产生，因此涉及到给予行为的双方，对他们看到的新生活非常感激。尤其是就爱而言，这意味着爱是一种能产生爱的力量。软弱无能是难于产生爱的。马克思曾对这种思想作过精辟的论述："假定，"他说，"人就是人，而人同世界的关系是一种人的关系，那么你就只能用爱交换爱，只能用信任交换信任。如果你想得到艺术的享受，那你就必须是一个有艺术修养的人。如果你想感化别人，那你就必须是一个能鼓舞和推动别人前进的人。"

慈 善 家

〔美国〕亨利·梭罗

慈善家经常记着要用自己散发出来的颓唐悲戚的气氛绕住人类，美其名曰同情心。

我并不要求从慈善应得的赞美中减去什么，我只要求公平，对一切有利于人类的生命与工作一视同仁。我不认为一个人的正直和慈善是他主要的价值，

它们不过是他的枝枝叶叶。那种枝叶，褪去了叶绿素，就能做成药茶给病人喝，因此它有了一些卑微的用处，多数是游方郎中用它。我要的是人性的花朵和果实。让他将芬芳传送给我，让他的成熟的馨香在我们的交接中熏陶我。他的良善不能是局部的、短暂的行为，而是常在的富足有余，他的施与于他无损，于他自己也无所知。

慈善家经常记着要用自己散发出来的颓唐悲戚的气氛绕住人类，美其名曰同情心。我们应该传播给人类的是我们的勇气而不是我们的失望，是我们的健康与舒泰，而不是我们的病容。从哪一个南方的平原上，升起了一片哀号声?在什么纬度上，住着我们应该去传送光明的异教徒?谁是那我们应该去挽救的纵欲无度的残暴的人?如果有人得病了，以致不能工作，如果他心痛了，——这很值得同情——，他，这位慈善家就要致力于改良——这个世界了。他是大千世界的一个缩影，他发现，这是一个真正的发现，而且是他发现的，——世界在吃着青苹果。在他的眼中，地球本身就是一只庞大的青苹果，想起来这很可怕，人类的孩子如果在苹果还没有成熟的时候就去噬食它，那是很危险的。于是他那狂暴的慈善事业使他径直去找了爱斯基摩人、巴塔哥尼亚人，还拥抱了人口众多的印度和中国的村落。就这样由于他几年的慈善活动，有权有势者利用他来达到他们的目的，无疑他治好了自己的消化不良症，地球的一颊或双颊也染上了红晕，好像它开始成熟起来了，而生命也失去了它的粗野，再一次变得又新鲜又健康，更值得生活了。我从没有梦见过比我自己所犯的更大的罪过。我从来没有见过，将来也不会见到一个比我自己更坏的人了。

我相信，使一个改良家这么悲伤的，倒不是他对苦难同胞的同情，而是，他虽然是上帝的最神圣的子孙，他却心有内疚。让这一点被纠正过来，让春天向他跑来，让黎明在他的卧榻上升起，他就会一句抱歉话也不说，抛弃他那些慷慨的同伴了。我不反对抽烟的原因是我自己从来不抽烟。抽烟的人自己会偿罪的。虽然有许多我自己尝过的事物，我也能够反对它们。如果你曾经当过慈善家，别让你的左手知道你的右手做了什么事，因为那本不值得知道。

自由与爱

〔印度〕克利希那穆尔提

没有爱,自由仅仅是一种毫无价值的观念。

你知道爱某个人意味着什么吗?爱一棵树、一只鸟或一只可爱的动物,尽管它们也许什么都不会回报你,尽管它们也许不会给你一片荫凉,或者跟随你,依赖你,但你仍然是爱它们的,以致你看护它,喂养它,抚育它。你知道这意味着什么呢?我们大多数人不是以这种方式爱的,我们根本不知道这种爱意味着什么,因为我们的爱总是被焦虑、猜疑、恐惧所束缚——这正意味着在内心中我们是依赖于他人的,我们想要获得爱。除了要求某些回报之外,我们恰恰在不爱,在遗弃爱,而正是在这种要求中,我们变成依赖的人。

因此,自由和爱一起离开。爱不是一种反应,如果我爱你是因为你爱我,这只是生意,一种在集市上被买卖的东西,它不是爱。爱必须不要求任何回报,甚至未曾感到你正给予着某些东西——而唯有这样的爱才能知道自由。但是,你明白,你并没有为此而受教育,你学了数学、化学、地理、历史,而后结束,因为你的父母唯一关心的事就是帮助你找到一份好工作,并在生活中成为成功的人。如果他们有钱,他们可以送你去国外。像别人一样,他们的目的就是让你成为富有的,并在社会上拥有一个体面的地位。然而你爬得越高,你使别人遭受的苦难就越大,因为要得到那个位置,你必须去无情地竞争。父母把自己的孩子送进学校,那是一个存在着野心、竞争,而丝毫不存在爱的地方,这就是为什么我们这样的社会正在持续腐烂,正处在不断冲突中的原因。虽然政治家们、法官们、所谓的贵族们谈论着和平,但这并不意味着任何事情。

你我必须认识自由这个问题。我们必须使自己弄清楚爱意味着什么,因为如果我们不爱,我们就决不可能有思想,有礼貌,我们就决不可能替他人着想。你

是否知道替别人着想意味着什么?当你看到小路上一块尖尖的石头被许多赤裸的脚踩到时,你拿开了它,不是因为有人要求你做,而是因为你感到为了别人应该做——这与他是谁无关,你也许从来不会见到他。种一棵树并爱护它,观看河流以及欣赏大地的丰富,观察一只展翅的鸟并看到它飞翔时的美丽,拥有敏感并向称为生命的这种非凡运动开放——为了这一切,必须有自由,而要成为自由的,你必须爱。没有爱就没有任何自由,没有爱,自由仅仅是一种毫无价值的观念。因此,只有那些认识和摆脱了内在依赖性,并因此知道爱是什么的人,才能够拥有自由。而且,只有他们才会创造出一种新的文明,一个不同的世界。

爱 无 限

〔英国〕劳伦斯

爱朝着天堂进发,可它又是从哪儿出发的呢?

爱的界限! 还有什么比爱的界限更糟糕呢?那无异于企图阻挡汹涌的大浪,拖住春天的脚步,使五月不得踏入六月,使山楂成为永不落地的果。

我们一直认为,这种无限的爱,普遍而令人喜悦的爱,就是不朽。然而,它除了是监狱和束缚之外还能是什么呢?世上除了亘古流淌的时间以外还有什么是永恒?除了人类不断地向太空发展以外,又有什么无限?永恒、无限,这是我们对静止和终点的理解,可它们除了是不停旅行以外,又能是什么呢?永恒是时间方面的不停旅行,而无限则是空间方面的不断发展。这毋须赘言。再来看看不朽。在我们的头脑中,它除了是同一事物的无穷延续外又能是什么?延续、永生、持久——要做到这些,除了旅行还能有什么别的方法?无限怎么可能是终点?无限不是终点。确切地说,无限和不朽,就是指同一事物沿着同一方向持续不断地向前运动。这就是无限,即持续不断地朝一个方向运动。我们所认识的

智慧在成长

不朽的爱，就是爱的不断发展。无限不是终点。它既可能是死胡同，也可能是无底洞。所谓爱的无限除了是死胡同或无底洞以外又能是什么呢？

爱是有目的的旅程。因此，它是从对立目标出发的旅程。爱朝着天堂进发，可它又是从哪儿出发的呢？地狱。地狱是什么？爱，说到底是个正无限，那么，负无限又是什么呢？其实，正负无限是一回事，因为世界上只有一个无限。这样看来，要到达无限，朝天堂抑或是朝地狱进发没有什么不同。既然殊途同归，两个方向得到的都是无限，同质的无限，既可能是虚无，也可能是一切。那么，我们走哪条道都无关紧要。

无限，爱的无限并不是目标。那只能是死胡同或无底洞。堕入无底洞也就开始了没完没了的旅行，而让人心悦的死胡同则可能是完美的天堂。可是，到达一个四处面壁、平静的死胡同天堂，获得一种毫无缺憾的幸福，恐怕并不能满足我们的心。而堕入无底洞，进行永无休止的旅程也同样不合我们的心意。

爱不是目的，只是旅程。同样，死亡也不是目的，它是摆脱现在进入原始混沌状态的旅程——万物在原始混沌状态中都能得到再生。因此，死亡也只是死胡同或无底洞而已。

幸福之路

〔俄国〕列夫·托尔斯泰

如果人能够把自己的幸福放到他人的幸福中，就是说爱他人胜过爱自己，那么死亡就不再是生命和幸福的终结。

个人生存幸福的不可能性存在于哪些事实中？第一，寻找个人生命幸福的人们之间的斗争；第二，使人浪费生命、厌腻、痛苦的欺骗人的娱乐；第三，死亡。但是只要在思想中设想，人如果把追求个人的幸福变为追求别的生命的幸福，就能消灭幸福的不可能性，人就会觉得幸福是可以达到的。用生命就是追

求个人幸福的观念看世界，人在世界上看到的是毫无理性的生存斗争、相互残杀。但是一旦人们承认自己的生命就是追求他人的幸福，那就会在世界上看到另外一种情形，即同这些偶然出现的生存斗争并列的还有经常出现的生存者之间的相互服务——没有这种服务，世界的存在将无法想象。

只要假定这一点的可能性，所有从前的无理性地将人引向无法达到的个人幸福的活动就会被另一种活动所代替，它与世界规律一致，导向获得个人和全世界的最可能的幸福。

个人生命的苦难和幸福的不可能性的另一个原因，是个人欢娱的欺骗性。它使人虚耗生命，引人走向厌倦和痛苦。人只要承认自己的生命在于为别人的幸福而努力，那么他就会消除对欺骗性欢娱的渴望，这种空洞的、折磨人的、将人引向满足于动物性躯体的无底的活动，也就可能被服从了理性规律的活动所代替。后一种活动是对别的生命的支持，对于自身的幸福也是必需的，个体苦难的折磨、消磨生命的活动也就会被同情怜悯他人的感情所替代，这种感情当然会产生有益的和快乐的活动。

个人生活充满苦难的第三种原因是对死亡的恐怖。只有人承认了自己的生命不在于自身的动物性躯体的幸福中，而是存在于他人的幸福中时，对死亡的恐惧才会永远从人的眼中消失。

要知道对死亡的恐惧只是由于害怕生命的幸福从人的肉体死亡中消失才产生的。如果人能够把自己的幸福放到他人的幸福中，就是说爱他人胜过爱自己，那么死亡就不再是生命和幸福的终结，像只为了自己而活着的人们所觉得的那样。

智慧在成长

情感树没有季节

安稳的心,在雷声中也能熟睡

。

——谚　语

智慧在成长

人的虚荣

〔法国〕霍尔巴赫

动物有怎样的过错才会使自然界这个统治者对自己大发脾气？

如醉如狂的想象力认为世界上只有上天的恩惠；比较冷静的理性则认为世界上有善也有恶。你们说，我存在。但是这个存在是否始终幸福呢？你们说："请看太阳吧，阳光照耀大地，地上才为我们生长丰盛的五谷和青草；请看花吧，花的开放可以使我们的眼睛快乐，可以使我们的嗅觉清爽；你看树木被佳美的果实压得弯腰点头；你看清澈明净的流水只是为了解除我们的口渴；看一看环抱大陆而使我们的商业繁盛的海洋吧；看一看有远见的大自然为了满足我们的需要而创造的一切生物吧。"

诚然，这一切我都看见了，而且还尽自己的力量利用着所有这些东西。但是，在许多国家里，光辉灿烂的太阳几乎永远被乌云遮住；在另一些国家里，过分炎热的太阳使人痛苦，因为它产生灾难，引起可怕的疾病，使田野干涸，草地上再也见不到植物，树上再也不结果实，庄稼烧尽，源泉涸竭。人只有费尽气力才能维持自己的生活，人也只能抱怨自然界的残酷，虽然你们认为它是好善乐施的。如果海洋使我们得到药材、珍宝和毫无用处的奢侈品，那么，难道在同一些海洋中找不到热衷于到那里去寻找所有这些珍宝的成千上万的人的坟墓吗？

虚荣使人相信，人是宇宙唯一的中心，人只是为自己才创造自己的世界和自己的上帝。他感到自己有权根据自己的愿望改变自然规律，当谈到其他所有生物时，他就像无神论者一样进行推论。难道人不应认为动物界、植物界和矿物界的一切事物只是一些不应当得到天意的关怀、神灵的眷顾和正义裁判的机

智慧在成长

器吗?凡人们把一切事件——一切成功与灾难、健康与疾病、生与死、富裕与饥饿——都看成是对他们的行为 (仿佛这些行为是受自由意志决定的,虽然他们没有任何理由硬说自己有自由意志) 的奖励或惩罚。

为什么他们议论动物时不从同一前提出发呢?尽管人看到,当同一个最公正的上帝存在的时候,动物像人们一样有幸福也有痛苦,可能是健康的也可能是有病的,可能活着也可能死去,但是他不会想到扪心自问:动物有怎样的过错才会使自然界这个统治者对自己大发脾气?而被宗教偏见弄得瞎眼的哲学家,为了在这个问题上摆脱困境,竟达到这样狂妄的地步,甚至武断地说:“动物没有感觉的能力。”

负 罪 感

〔英国〕罗 素

当一个人人格分裂的时候,没有什么比它更加减少人的幸福和效率了。

在负罪感中有那么一种卑鄙的、缺乏自尊的成分。通过放弃自己的尊严是不可能使人走上正确道路的。理性的人会将自己的不良行为同别人的不良行为一样对待,看作一定环境下的行为后果。这些不良行为可以通过两种方法加以避免:一是充分认识到这种行为的不良性;二是在可能的条件下,避开引起这类行为的环境条件。

实际上,负罪感是一种十分无益的情感,而远远不是美好生活的成因。它使人不幸,造成人的自卑感。正因为不幸福,他似乎就可以向别人提出过分的要求,这样做又妨碍他去享受人际关系中真正的幸福。正因为自卑,他会对那些比自己优越的人表示敌意。他发现羡慕别人是困难的,而嫉妒却是容易的。他将变成一个不受欢迎的人,发现自己越来越孤独。一种对待他人的大方豁达态度不仅能给他人带来快乐,也是持这一态度的人获取快乐的巨大源泉,因为

它使他受到普遍的喜爱和欢迎。但是对于那些被负罪感所困扰的人们来说这种态度是可望而不可及的。它是人的自信和自我依赖的结果，它需要一种人的心理整合，通过这种整合，我的意思是说，人性、意识、潜意识以及无意识等各个层次的心理因素的共同协调作用，而不是处于无休止的争斗中。要取得这样一种和谐，在多数情况下可以通过明智的教育来达到，但是在教育本身并不明智的时候，要做到这一点是相当困难的。这是一种为心理分析学家所尝试了的过程，但是我相信，绝大多数情况下，病人自己就可以做到这一点，除了在非常严重的情况下，需要专家的帮助。别说这种话："我没有时间去从事这种心理劳动，我忙于应付各种生活事务，我不得不让我的无意识去随意作祟。"当一个人人格分裂的时候，没有什么比它更加减少人的幸福和效率了。把时间花在使自己的人格各部分之间产生协调，是值得的。我并不是说，一个人应该每天抽出一个小时来检查自己。我认为这决不是最佳办法，因为这样做会强化人的自我关注，而自我关注本来就是需要治疗的疾病之一，因为和谐健全的人格是直接外向型的。

我的主张是：一个人应该将他的心思重点放在他所理性地信仰的东西上，而决不允许相反的、非理性的信仰不受质问就进入自己的头脑，甚至控制自己，不管时间如何短都不行。这是一个人在受到引诱回返到婴儿期状态时，同自我展开推理的问题，如果这种推理足够集中，其过程是非常短的。因而所用的时间是可以忽略不计的。

严以律己

〔美国〕弗洛姆

智慧在成长

真正的自责和随之而来的耻辱感是可以防止旧的罪行一次次重复的唯一的

人的情感。

只有当人不再作为他那更强的"同胞"的消费品时，同类相食的史前年代才会终结，真正的人的历史才会开始，为了促成这样的变化，我们必须充分意识到我们同类相食的方法和习惯是何等罪恶。即使充分意识到了，但如果不同时进行公平全面的自责，也仍然是无济于事的。

自责远不只是对某事感到抱歉。自责是一种强烈的情感。一个自责的人感到真正厌恶他自己和他所做的事。真正的自责和随之而来的耻辱感是可以防止旧的罪行一次次重复的唯一的人的情感。哪里没有自责，哪里就会出现没有犯罪的幻觉。但是，我们在什么地方发现过真正的自责呢?以色列人为他们对迦南部落施行的灭绝种族的屠杀自责了吗?美国人为几乎彻底地消灭了印第安人自责了吗?几千年以来人们生活在这样的体制中，它允许胜利者无须自责，因为它令权力等同于权利。事实上，我们每个人都应该坦白承认由我们的祖先、我们的同代人或我们自己所犯下的罪行，无论是我们直接去干的，还是我们曾对这些罪行袖手旁观。我们应该坦率地公开以典礼的形式承认这些罪行。罗马天主教堂给个人提供一个机会，让他忏悔自己的过错，以便听到良心的呼唤。但是个人的忏悔是不够的，因为它不需讲出由一个团体、一个阶级、一个民族，或最为重要的是一个不听从于个人良心指示的主权国家所犯下的罪行，只要我们不愿做"民族罪行的忏悔"，我们就将继续使用我们的老办法，敏锐地注视着我们的敌人所犯的罪行，而对我们自己的人民所犯的罪行熟视无睹，当一些自称道德卫士的民族表现出丝毫不考虑到良心时，个人怎么能认真地开始遵从良心的指示呢?不可避免的结果是，良心的声音在每一个公民的心中沉寂，因为良心并不比真理更难被分割。

如果人的理智能有效地指导我们的行动，我们就不会受不理智的情感所支配。智力仍然是智力，即使它被用于罪恶的目的。然而，理智，我们对本来面目的现实而不是对我们想要看到以便能为了自己的目的而加以利用的现实的认识——在这种意义上，理智能够发挥这样的作用。它可以驱除我们不理智的情感，也就是说可以使作为人的我们成为真正的人，并使不理智的动力不再是我们行动背后的主要驱使力。

自满·自薄

〔美国〕威廉·詹姆斯

一个处境极其可怜的人可能十分自鸣得意，而一个在生活中很成功，受到所有人尊重的人，却可能最终仍对自己的能力没有信心。

众多的快乐构成了自满，相反，众多的痛苦则形成了耻辱感。无疑，我们感到自满时，确实会高兴地将我们可能得到的所有奖赏排演一番；而陷于绝望时，则总预感着不幸。但是，单纯对奖赏的期待并不就是自满，单纯对不幸的忧惧也不就是绝望，因为自我感觉中有某种人人都有的一般感情基调，它独立于我们满意与不满意的客观理由。也就是说，一个处境极其可怜的人可能十分自鸣得意，而一个在生活中很成功，受到所有人尊重的人，却可能最终仍对自己的能力没有信心。

尽管如此，有人仍可能会说，自我感觉的正常诱因是一个人的实际成功或失败和他在社会上所处实际地位的好坏。"他伸出自己的手指，抽出一件精品，然后说，我是多棒的一个男孩。"如果一个人的经验自我得到了相当的发展，他的力量总是给他带来成功，他既拥有地位和财富，又拥有朋友和名望，那么，他就不太可能像小时候那样，感到不自信和怀疑。"难道这不是我建造的巴比伦吗？"而一个一再受挫，到中年仍一事无成的人，就容易变得病态地不自信，从而在他有能力应付的考验面前退缩。

自满和自薄是一种独特的情感，它们可以与愤怒或痛苦这样的原始情感划归同类。它们二者都有与自己相应的特殊面部表情。自满的时候，肌肉受到刺激，目光炯炯有神，步态摇摆而轻快，鼻孔张大，嘴角泛起特殊的微笑。这些症状在疯人院里以异常的形式表现出来。那里总是有一些病人极度地自鸣得意，他们面部表情愚蠢，走路昂首挺胸，大摇大摆，这与他们缺乏任何可贵的个人

智慧在成长

品质形成了可悲的对照。同样，在这些绝望的避难所中，我们发现，有些好人自认为犯下了"不可饶恕的罪孽"而永远失去了希望。他们低头弯腰，畏畏缩缩，生怕他人注意，说话低声下气，目光不敢正视别人。同病态的恐惧和愤怒一样，这些相反的自我感觉可能并非由充足的刺激理由引起。事实上我们自己知道，自尊和自信的晴雨表升降的原因似乎是本能和官能的，而不是理性的，它当然也同朋友对我们的尊重的变化不相应。

痛苦与厌倦之间

〔德国〕叔本华

一个人内在所具备的越多，求助于他人的就越少——他人能给自己的也越少。

生命剧烈地在痛苦与厌倦的两端摆动，贫穷和困乏带来痛苦，太得意时，人又生厌倦。所以，当劳动阶层无休止地在困乏、痛苦中挣扎时，上层社会却在和"厌倦"打持久战。在内在或主观的状态中，对立的起因是由于人的受容性与心灵能力成正比，每个人对痛苦的受容性，又与对厌倦的受容性成反比。人的迟钝性是指神经不受刺激，气质不觉痛苦或焦虑。无论后者多么巨大，知识的迟钝是心灵空虚的主要原因。唯经常兴致勃勃地注意观察外界的细微事物，才能除去许多人在脸上流露的空虚。心灵空虚是厌倦的根源，好比兴奋过后的人们需要寻找某些事物填补空下来的心灵，但人们寻求的事物又大多类似。

试看人们依赖的消遣方式，他们的社交娱乐和谈话内容多是千篇一律的。有多少人在阶前闲聊，在窗前凝视窗外，由于内在的空虚，人们寻求社交、余兴、娱乐和各类享受，因此产生奢侈浪费与灾祸。人避免祸患最好的方法，就是增加自己的心灵财富，人的心灵财富越多，厌倦所占的空间就越少。那不衰

竭的思考活动在错综复杂的自我和包罗万象的自然里，寻找新的材料，从事新的组合，这样不断鼓舞心灵，除了休闲时间以外，厌倦是不会趁虚而入的。

　　另外，高度的才智基于高度的受容性、强大的意志力和强烈的感情之上。这三者的结合体使各种肉体和精神的敏感性增高。不耐阻碍，厌恶挫折——这些性质又因高度想象力的作用更为增强，使整个思潮都好像真实存在一样。人的天赋气质决定人受苦的种类，客观环境也受主观倾向的影响，人所采用的手段总是对付他所忍受的苦难，因此客观事件对他总是具有特殊意义。

　　聪明的人首先努力争取的无非是免于痛苦和烦恼的自由，求得安静和闲暇，过平静和节俭的生活。减少与他人的接触，所以在他与同胞相处了极短的时间后就会退隐，若他有极多的智慧，他就会选择独居。一个人内在所具备的越多，求助于他人的就越少——他人能给自己的也越少。所以，智慧越高，越不合群。倘使智慧的"量"可以代替"质"的话，人活在大千世界中的自由度就会多一些。人世间一百个傻子实在无法代替一个智者。更不幸的是人世间傻子又何其多。

自我尊敬

〔美国〕爱因·兰德

智慧在成长

　　神秘主义和自我牺牲的信条都不可能使人达到心理健康或自我尊敬。

　　为了能成功地与真实世界打交道——追求并获得生命所需的价值——人们需要自我尊敬：他们需要对自己的能力和价值有充分的信心。

　　焦虑和犯罪感是与自我尊敬相对立的，并且是心理疾病的症状，它们使人思维分裂、价值丧失和行动麻木不仁。

　　当一个自我尊敬的人选择了他的价值，确立了他的目标，并且有一个长远的规划时，他就会有统一的行动——这就像一座通向未来的桥，生命将在这座桥上通过，而桥本身是由信念支撑的，这种信念是一种思维、价值和判断的能力，也是人的价值。

这种对真实世界的控制不是特殊的技巧、能力和知识的结果。它不依赖于某种特定的成功或失败。它反映了人与真实世界的基本关系，人们信念的基本能力和价值。它也反映了一种自信，即人在本质上或原则上对世界的权利。自我尊敬是一种形而上学上的评价。

它是这样一种心理状态，具有传统道德的人是不可能接受它的。

神秘主义和自我牺牲的信条都不可能使人达到心理健康或自我尊敬。这些信条是存在论的和心理论的自我毁灭。

维持自我生命和达到自我尊敬，要求人们完全运用理智——但是传统向人们所传授的道德是基于和要求信仰的。

信仰要求人们完全依赖于一种信条，它不具备感官的事实和理性的证据。

当一个人拒绝将理性作为自己判断的标准时，对他来说只有另一条标准：他的感觉。神秘主义者是这样一种人，他以自己的感觉为认识的工具。信仰是感觉等于知识的方程式。

为了达到所谓信仰的"德性"，自我牺牲的信条要求，人们必须放弃自我的观察和判断，必须愿意非理智地生活，必须过着无法使自己的生活感受成为他人知识一部分的生活，并使自己陷入恍惚和假想之中。由此，人们必须压抑自己的批判性思维，并把它看成是罪恶的，人们必须限制不断产生的任何问题。

事实上，所有人类的知识和概念都是一个有等级秩序的结构。人类思维的基础和出发点是人的感官知觉。在这个基础上，人们形成最初的概念，然后，通过确认和整理更大范围内的新概念构造知识大厦。

仇恨的积淀

〔奥地利〕弗洛伊德

　　一旦事情出现对自己教养的偏离就会带来对这种教养的批评和要求对它进行改造。

　　我们面对的是，人们在感情上相互采取什么态度的问题。根据著名的叔本华冻得哆嗦的豪猪的比喻，没有一个人忍受得了与他人过于亲近的关系。

　　心理分析证明，几乎任何一种两人之间长时期的亲密感情关系——婚姻关系、友谊、父母和子女关系——都包含一种拒绝、仇恨感情的积淀，这种感情积淀仅仅由于压制而没有被人觉察。不可掩饰的是，每个股东都怨恨他的合股者，每个下属都低声反对他的上司。当人们结合成较大的统一体时，也发生同样的情况。如果两个家庭通过婚姻联结起来，那么每次都是其中任何一个家庭认为以牺牲另一个家庭为代价是比较好的和比较高贵的；在两个相邻的城市中，任何一个都将成为另一个的忌妒者与竞争者；每个心胸狭隘的人都轻蔑地鄙视另一个人；最亲近的部族相互冲突：南德意志人不能忍受北德意志人，英格兰人背后说苏格兰人坏话，西班牙人蔑视葡萄牙人。从有种种较大的差异开始，以至出现了难以克服的厌恶：高卢人厌恶日耳曼人，雅利安人厌恶闪米特人，白色人种厌恶有色人种，这种情况的确不使我们吃惊。

　　仇恨平时所喜爱的人，我们称之为感情上的矛盾，并且能以完全合适的方式用多种缘由导致利益冲突来说明这种情况，而这种利益冲突恰恰是在十分亲密的关系中产生的。我们可以从明显表现出来的厌恶和对外人的排斥中看到一种自爱、一种自我陶醉，这种自我陶醉追求维持自己，其处事态度是：一旦事情出现对自己教养的偏离就会带来对这种教养的批评和要求对它进行改造。我

智慧在成长

们不知道，为什么如此强大的敏感性投向这些分化的个体，然而不会弄错的是，在人的上述举止中显示出一种仇恨意愿、一种侵略性，其来源不得而知，而人们也赋予它基本的性质。

但是这一切不宽容暂时地或者长时期地通过群众教育从群众中消失了。只要群众教育得到保持或者群众教育足足有余，那么每个人的行为举止就会是：仿佛他们是类似的，他们容忍他人的特性，采取和他人相同的态度并且感觉不出排斥他人的迹象。这样一种自我陶醉的限制，根据我们的理论观点，只有通过与他人的关系这一因素才能产生。自爱只有在他爱，即对客体的爱的基础上才能得到限制。

激　情

〔德国〕康　德

激情就其本身而言任何时候都是不聪明的，它使人没有能力去追求自己的目的。

在激情很多的场合，情欲通常是很少的。如法国人由于其性格活泼而情绪多变。与此对照的是意大利人和西班牙人，他们心怀怨毒策划着复仇，或是在爱情上坚定不移直到癫狂的程度。激情是开诚布公的，反之，情欲是阴毒而隐秘的。中国人指责英国人暴躁易怒"就像鞑靼人一样"，而英国人指责中国人是地地道道的 (但却不动声色的) 骗子，他们不让这种指责在自己的情欲中造成任何一点干扰。激情犹如酒醉酣然，情欲则可看作是一种癫狂，它执著于一个观念，使之越来越深地盘踞在人的心头。爱一个人也许还能够同时保持正常的视觉，但迷恋一个人将不可避免地对所爱对象的缺点视若无睹，尽管通常在婚后过了一个星期，这个对象就使迷恋者重新恢复了视觉。经常被一阵谵妄症一样

的激情侵袭的人，哪怕这激情是良性的，他也恰似于一个精神失常的人。不过，由于这很快又使他感到懊悔，所以这只是一种被称为不审慎的突然发作。有些人甚至希望自己能够发怒，苏格拉底就曾怀疑过，发怒是否有时也有好处。但在这样的控制中怀有激情，以致于可以冷静地考虑是应当发怒还是不应当发怒，这看来总是有某种自相矛盾之处。反之，没有人希望有情欲。因为，如果人是自由的话，谁愿意将自己束缚于锁链之中呢？

不动心的原则，即哲人必须永远也不激动，甚至对他最好的朋友的不幸也无动于衷，这是斯多葛派的一个极其正确崇高的道德原则。因为激情（或多或少）使人盲目。大自然仍然将这种素质植入我们心中，这是大自然的智慧，要在理性还没有达到足够坚强之前，暂时地施以约束，即在内心向善的道德冲动之上，再加上活生生的生理（感情）刺激的冲动，作为理性的临时代用品。因为除此而外，激情就其本身而言任何时候都是不聪明的，它使人没有能力去追求自己的目的。因而故意让激情从心中产生出来是不明智的。但理性却仍然可以从道德——善的观念中，通过将理性的理念与隶属于其下的真理（例证）联结起来，而产生出意志的某种活跃，这样，理性就可以不是作为激情的结果，而是作为激情的原因而向善的行为中灌注生气，同时，理性还在一直施行着约束，而产生出一种向善的热忱，只不过这种热情终归还是只能属于欲望能力，而不能算作一种更强烈的感性的感情，即激情。

忏　悔

〔古罗马〕奥古斯丁

如果一个人怀抱真挚的同情，那他必然是宁愿没有怜悯别人不幸的机会。

我被充满着我的悲惨生活的写照和燃炽我欲火的炉灶一般的戏剧所攫取。

智慧在成长

人们喜欢看自己不愿遭遇的悲惨故事而伤心，这究竟是为了什么?人愿意让看戏引起悲痛，而这悲痛就作为他的乐趣。这岂非一种可怜的变态?人越不能摆脱这些情感，就越容易被它感动。人自身受苦，人们说他不幸。如果同情别人的痛苦，众人就说这人有恻隐之心。但对于虚构的戏剧，恻隐之心究竟是什么?戏剧并不鼓励观众帮助别人，不过是引逗观众伤心，观众越感到伤心，编剧者就越能受到赞赏。如果看了历史上的或是捕风捉影的悲剧而毫不动情，那演戏者将败兴出场，承受批评指责;假如能感到回肠荡气，观众自然看得津津有味，演员也自觉高兴。

由此可见，人们喜欢的是眼泪和悲伤。但谁都要快乐，谁都不愿受苦，却都愿意同情别人的痛苦，同情必然带来悲苦的心情。那么人是否仅仅由于这一原因而甘愿伤心?

这种同情心发源于友谊的清泉。但它将去何处?流向哪里呢?为何流入沸腾油腻的瀑布中，倾泻到浩荡灼热的情欲深渊中去，并且自觉自愿地离弃了天上的澄明而与此同流合污?那么人们是否应该摒弃同情心呢?不，有时应该爱悲痛。但是，我的灵魂啊!你要防止淫秽的罪。

我现在并非消除了同情心，但当我看到剧中一对恋人无耻地作乐，虽然这不过是虚构的故事，我却和他们同感愉快;看到他们恋爱失败，我也觉得凄惶欲绝，这种或悲或喜的情味于我都是一种乐趣。而现在，我哀怜那些沉湎于欢场欲海的人和因丧失罪恶的快乐或不幸的幸福而惘然自失的人。这才是比较真实的同情，而这种同情心不是以悲痛为乐趣的。怜悯不幸的人，是爱的责任，但如果一个人怀抱真挚的同情，那他必然是宁愿没有怜悯别人不幸的机会。假如有不怀好意的慈悲心肠，——当然这是不可能有的——就会有这样一个人:具有真正的同情心，而希望别人遭遇不幸，借以显示对这人的同情。应当说:有些悲伤是可以被赞许的，但不应说是可以被喜爱的。

内心的沉沦

〔古希腊〕朗吉弩斯

他们在那里成家不久，就很快生育起来，生下浮夸、虚荣和放荡这些嫡亲儿女。

我的好朋友，常常挑剔现在，是十分容易、十分合乎人之常情的。但是你可以考虑一下，究竟天才的败坏是应当归咎于天下太平，还是应当归咎于我们内心的祸乱，那无穷无尽的，占住了我们全部意念的内心的祸乱，并且更进一步归咎于今天围攻我们，蹂躏和霸占我们生活的情欲。

难道我们不是为利欲所奴役，我们的事业为利欲所摧毁——利欲，那在我们内心疯狂地发作着而且永不平息的热病，加上享乐的贪求——两种心病，一种使人卑鄙，一种使人无耻。我考虑到这点，我简直想不出办法去关上我们（我们这种如此恭敬，简直崇拜豪富的人）的灵魂之门而不让那伙恶鬼闯入。无法计算的财富总是为挥霍所追随。她（挥霍）钉住了他（财富），亦步亦趋。他一开启城市或人家的大门，她就和他一起进去，与他同居。他们在那里成家不久，就很快地生育起来，生下浮夸、虚荣和放荡这些嫡亲儿女。如果让这伙财富的儿女长大成人，他们就会在灵魂中迅速产生那批残忍的暴君：强暴、无法无天和无耻。凡人一崇拜了自己内心的会腐朽的、不合理的东西，就再不去珍惜那不朽的东西，上述情况是不可避免的结果。他再也不会向上看了，他完全丧失了对荣誉的关心，生活的败坏在逐步进展着，直到全面完结。他灵魂中一切伟大的东西渐渐褪色，枯萎，以致为他自己所鄙视。如果一个受贿判案的审判官再也不能以公正清廉等品德作出自由、可靠的判断（因为一个受贿的人必然从自己的利益出发来衡量清廉公正），今天的我们还能盼望（我们每个人的整个生活由贿赂所统治，我们伺候人家的死亡，力图如何在其遗嘱中获得地位；我们收受好处而不管其来源；我们的灵魂浸在肮脏的贪欲里），在这样一场道德的瘟疫中，我要说，我们还能盼望，有这么一个宏达的、不偏不倚的裁决者剩下来吗？唉，我生怕，我们这种人可能听人使唤比自由自在更合适一点。如果我们嗜欲任其流毒邻邦，它们将会犹如出柙的野兽，为整个文明世界带来洪水般的灾难。

当代的天才为那种冷淡所葬送，这种冷淡，除去个别的例外，是在整个生活里流行着的。即使我们偶然摆脱这冷淡而从事于工作，这也总是为了求得享乐或名誉而不是为了那种值得追求和恭敬的，真实不虚的利益。

快乐种种

〔美国〕爱因·兰德

快乐不在于问题的解决，而在于进行区别、判断、意识的过程。

一场聚会。对于一个理性的人来说，他参加聚会是一种成功的情感回报，同时，他参加聚会，仅仅因为这一活动是愉快的。他看到自己喜欢的人，遇到他感兴趣的人，互相交谈一些有价值的话题。但是，对于一位精神异常的人来说，参加聚会的原因并不能与真正的活动和娱乐相联系。他也许会对聚会上的人产生憎恨、鄙视或恐惧，他也许感到自己在聚会上很尴尬，并暗自为此而羞愧——但是，他仍然沉醉于聚会中，因为，人们都作出赞同的姿态，或者受到邀请本身是一种社会标志，或者聚会上的其他人都很高兴，或者聚会可以使他逃避漫长的夜晚和孤独时的恐惧。

醉酒时的"快乐"显然是逃避意识责任的快乐。社会聚会也是这种类型，人们发出虚假的呼喊，客人们步履醉态、吵吵嚷嚷又毫无意义，他们处于虚幻的世界中，在那里没有目的、逻辑、真实世界或自我意识。

还可以看一下与此相似的现代"垮掉的一代",例如,他们跳舞的方式。人们所看到的不是真正快乐的笑脸,而是空虚、惊恐、嘲讽、无规则的运动和散漫的躯体。所有的动作都非常夸张,他们歇斯底里地狂舞,而没有任何目的性,也没有任何意义和情感。这就是无意识的"快乐"。

其他还有人们日常生活中的"快乐":家庭野餐、淑女茶会、咖啡厅式闲聊、慈善活动——参与者都表现出一种极度无聊。对这些人来说,无聊意味着一种安全、已知的东西、通常的和例行的东西——它缺乏一种新颖的、激动的、异样的和需求的快乐。什么是需求的快乐?它是指需要运用人的智慧而感到的快乐,这种快乐不在于问题的解决,而在于进行区别、判断、意识的过程。

生命的最基本快乐之一是由艺术活动提供的。艺术,如同最高形式的可能性,是对"可能的和应该的"东西的一种设计,它为人提供了不可估量的情感动力。但是,对特定艺术品的反应,依赖于人们深层的价值和前提。

人们可以从艺术构思中追寻英雄、智者、伟人以及戏剧性的、有目的性的、典型性的、纯真性的和挑战性的事件,同时,在赞叹和仰望伟大价值时,感到一种快乐。或者,当他们在预测邻居的唠叨不休的过程中,也会感到满足,这在价值和思维上都没有其他所求。通过构思某种熟知的东西,他们可以感到一种亲切感,不再负担那种"陌生的或恐惧的宇宙"。

细腻的情感

〔苏联〕苏霍姆林斯基

一个人越是缺少文化修养,缺乏智力和美感,这些本能就会表现得越频繁,令人感到粗暴无礼。

每个年轻人最主要的是要记住,不要用粗野的情感,如喊叫、暴躁、凶狠来填补思想上的空虚。在人的心灵深处,在潜意识里隐藏着一种本能——动物

智慧在成长

73

的恐惧心理、凶恶和残忍。一个人越是缺少文化修养，缺少智力和美感，这些本能就会表现得越频繁，令人感到粗暴无礼。当一个人无法更好地证明自己正确时，他或者直截了当地说，没有什么需要进一步证明的了（一般说来，情感丰富、有精神文明的人是这样)，或者喊叫起来，用"本能的反抗"来填补思想上的贫乏。要爱惜不管是自己的还是别人的神经系统和情感。要记住，对人类来说，如同需要空气一样，需要细腻的情感。而思想的细腻、智力的丰富，是优雅情感的源泉。情感可以使思想高尚，但是，真正的人的情感不能离开思想而存在。情感来自思想，思想滋润情感，情感寓于思想之中。丰富的思想使人成为人的精神世界中的独立力量，它激励人去实现高尚的行为。

如何培养细腻的情感呢?首先，任何时候都不能忘记，你生活在人们之中。任何时候都不能忘记，同你一起劳动的人都有自己的忧虑、牵挂、思想和感受。要学会尊重每个同你一起生活和劳动的人，这是人的最大技能。细腻的情感，只有在集体中，只有在同你周围的人们不断的精神交流中才能培养起来。

没有比在充满智力和美感的亲密友谊中能更好地磨砺和锤炼情感了。要在友谊中培养自己的情感。友谊将帮助你培养对周围每个人所特有的本性的细腻情感。

但是，能使人精神丰富，帮助人战胜本能和发展人所特有的本性的真正友谊需要什么呢?需要你个人精神的丰富。只有当你给你的朋友以某种帮助时，你的精神才能变得丰富起来。不能奢望，在建立一个新的集体之后才仅仅几个月就能结识新的朋友。但是真正的友谊终究会建立起来的。你将同他们交流自己的思想、情感、快乐和悲伤。

要珍惜你的情感和培养你的情感。要记住，在我们这个时代的人，对来自周围世界的影响，一天一天变得更加敏感。

勇者无畏

〔德国〕康　德

理性可以给一个坚毅的人以大自然有时也拒绝给他的力量。

有胆色的人是不惊慌的人；有勇气的人是考虑到危险而不退缩的人。在危险中仍能保持勇气的人是勇敢的，轻率的人则是莽撞的，他敢于去冒险是因为他不知道危险。知道危险而敢于去冒险的人是胆大的；在显然没有可能达到目的时去冒最大的风险，这是胆大包天。土耳其人将他们的勇士称为亡命鬼。而怯懦则是不名誉的气馁。

惊慌并不是容易陷入恐惧的习惯性特征，因为那种特征被称为胆怯，而是一种状态、一种偶然因素，多半是由于依附于身体上的原因，在一个突然遇到的危险面前觉得不够镇定。当一位统帅身穿睡衣仓猝之间得知敌人已经逼近时，他也许会在刹那间让血液凝在心房里；而如果某位将军胃里有酸水的话，他的医生会因此将他看作是一个胆小怯懦的人。但是，胆色总是一种气质特点，而勇气是建立在原则上，并且是一种美德。这样，理性可以给一个坚毅的人以大自然有时也拒绝给他的力量。战斗中的惊慌甚至让人产生有益的排便，这导致一个讽刺性的西方成语。但是请注意，在战斗口令发出时慌忙跑进厕所的那些水手，后来在战斗中却是勇敢的。甚至在苍鹭准备与飞临它上空的猎鹰战斗的时候，人们也会发现同样的情况。

忍耐并非勇敢。忍耐是女人的美德，因为它拿不出力量反抗。而是希望通过习惯来使受苦变得不明显。因此在外科手术刀下或在痛风病和胆结石发作时呻吟的人，在这种情况下并不是怯懦或软弱，这就好像人们行走时磕碰到一块当街横着的路石一样，这时人们的咒骂不过是一种愤怒的发泄，自然本能在这

智慧在成长

种发泄中尽力用喊叫将堵在心头的血液分散开来。但美洲的印第安人却表现出一种特殊类型的忍耐，当他们被包围的时候，他们扔下手中的武器，平静地任人宰割，而不请求饶恕。在这里，比起欧洲人在这种情况下一直抵抗到最后一个人死去，是否表现出更多的勇气呢?在我看来，这只不过是一种野蛮人的虚荣，据说因为他们的敌人不能强迫他们以啼哭或叹息来证明他们的屈服，这样就保全了他们的种族荣誉。

宠辱不惊

〔法国〕卢 梭

在这种屈从中，我找到了心灵的宁静，它补偿了我经历的一切苦难。

长久以来，我曾拼命而又徒劳地挣扎。我这个人，缺乏技巧和手段，短于城府和谨慎，坦白直爽，焦躁易怒，挣扎的结果是越陷越深，并且不断地向我的敌人提供他们绝对不会放过的可乘之机。我终于意识到我所有的努力都是无助的，只是徒劳地折磨自己。我决心采取唯一可取的办法，那就是服从命运的安排，放弃对这种必然性的反抗。在这种屈从中，我找到了心灵的宁静，它补偿了我经历的一切苦难，这是既痛苦又无效的持续反抗所不能提供的。

这种宁静还应归功于另外一个原因。在对我的刻骨仇恨中，迫害我的人反而因为他们的敌意而忽略了一计。他们不知道只有逐步地施展招数，才能不断地给予我新的痛苦。如果他们狡猾地给我留点希望，那么我就会依然在他们的

掌握之中，他们还可用他们的某个圈套，使我成为他们的掌中玩物，并且随后使我的希望落空而再次折磨我，使我伤痛不已。但是，他们提前施展了所有的计谋。他们既然对我不留余地，他们也就使自己黔驴技穷。他们对我劈头盖脸地诽谤、贬低、嘲笑和污辱是不会有所缓和的，但也无法再有所增加。他们已是如此急切地要将我推向苦难的顶峰。于是，人间的全部力量在地狱的一切诡计的助威下，再也不能增加我的苦难。肉体的痛苦不仅不能增加我的苦楚，反而使我得到了消遣。它们使我在高声叫喊时，免于呻吟。肉体的痛苦或许会暂时平息我的心碎。

既然一切已成定局，我还有什么可害怕的呢?既然他们已不能再左右我的处境，他们就不能再引起我的恐慌。他们已使我永远脱离了不安和恐惧：这总是个宽慰。现实的痛苦对我的作用已不大。我轻松地忍受我感觉到的痛苦，而不必顶住我担心会有的痛苦。我受了惊吓的想象力将这样的痛苦交织起来，反复端详，推而广之，扩而大之。期待痛苦比感受痛苦能够更百倍地折磨我，而且对我来说，威胁比打击更可怕。期待的痛苦一旦来临，事实就失去了笼罩在它们身上的想象成分，暴露了它们的真正价值。于是，我发现它们比我想象的要轻得多，甚至在痛苦中，我觉得还是松了一口气。在这种情况下，我超脱了所有新的恐惧和对希望的焦虑，单凭习惯的力量就足以使我能日益忍受不能变得更糟的处境，而当我的情感随时间的推移日渐迟钝时，他们就无法再激怒它了。这就是我的迫害者在毫无节制地施展他们的充满敌意的招数时给我带来的好处。他们已失去了对我的支配权，从此我就可以对他们毫不在乎了。

智慧在成长

正本清源

〔印度〕泰戈尔

必须思考的、无可逃避的思虑，不过是烦恼而已。

真正的富翁和穷汉的区别是：前者财大气粗，能使家里有广大开阔的空间。一个富翁，他那塞满房屋的家具也许是贵重的，然而，他用以使他的庭院开阔、花园广大的空间，其价值之高是无限的。商人做生意的地方堆满了货物，他无法确保空间不存放东西，他在那儿是吝啬小气的，尽管他也许是个百万富翁，他在那儿却是一贫如洗。然而，在家里，有些商人藐视只讲居室长、宽、高的实用性，——更不必提大花园的实用性了——他把空间推上荣誉的宝座。这商人的富有，就在这儿。

不仅未被占据的空间具有最高价值，未被占用的时间也具有最高价值。富翁财源茂盛，他能购买闲暇。事实上，这是对他的财富的一种检验，看他有无力量留下大块的时间休闲地，哪怕"需要"也不可能逼他耕耘。

还有另一个领域，那儿开阔的空间是最最重要的——那是在人的心灵里。必须思考的、无可逃避的思虑，不过是烦恼而已。贫穷而悲惨的人们的千思万虑，缠绕着他们的心灵，仿佛常春藤缠绕着一座座倾颓的寺庙。

痛苦关闭了心灵的一切门户。所以健康也许可以被界定为一种状态，生理意识在其中休闲，仿佛一片空旷的荒原。只要最外边的脚趾患了一点儿痛风，整个意识里就会充满疼痛，哪一个角落也无法幸免。

正如一个人没有未被占用的空间就不能豪华地生活一样，心灵没有未被占用的闲暇就不能高瞻远瞩地思考。——不然的话，对这样的心灵，真理就变成浅薄不足取的道理了。像昏暗的灯光一样，浅薄不足取的道理会歪曲视觉，引

起恐惧，使人与人之间思想感情的交流领域始终狭窄。

老人谨慎而并不明智。智慧在于心灵的清新，清新的心灵使人认识到真理并不在格言盒子里，真理是自由而活跃的。巨大的苦难将我们引向智慧，因为这些苦难是分娩的阵痛，我们的心灵由此被从习惯环境中解脱出来，赤裸裸地投入现实的怀抱。智慧具有儿童的特性，随着知识和情感的累积而臻于完善。

恬淡寡欲

〔印度〕克利希那穆尔提

用财富、权力、职位来掩盖我们自己是没有意义的，因为我们将依然不幸。

难道你不想知道吗？难道你从来不想知道引起你自己悲痛的根源吗？什么是悲痛？为什么它存在着？如果我想要某些事，却又不能得到它，我就会感到难过；如果我想得到更多的莎丽、更多的钱，或者，如果我想更漂亮，但又无法得到，那么我就会不高兴；如果我想要爱某个人，而那个人不爱我，那么我就会难过。我父亲死了，我会处于悲痛之中。为什么这样？

当我们得不到自己想要的东西时，为什么就会感到不幸？为什么我们必须得到我们想要的东西呢？我们认为这是我们的权利，不是吗？但是我们是否问过自己，当许多人从来未曾得到过他们所需要的东西时，为什么我们就应该得到我们想要的东西呢？而且，为什么我们想要得到它？我们有所需的食物、衣服和住处，但我们对此不满足。我们想要更多。我们想要成功，想受到尊重、被爱、被看得起，我们想要成为有权的，我们想要成为著名的诗人、圣徒、雄辩家，我们想成为首相、总统。为什么会这样？你是否探究过？为什么我们想要这一切？这并不是说我们必须知足，我不是这个意思，那是丑陋的、愚蠢的。但是，这种不断的渴望为什么会越来越多呢？这种渴望意味着我们是不知足的、不满意的，但是，怎样我们才会满意呢?我们知足于什么呢?我是这样，但我不喜欢这样，却想成为那样。我以为穿上一件新大衣，或一件新莎丽，我就会更加漂亮，因此我想要得到它。这就意味着我们不满足于自己，并且我认为通过得到更多的衣服、更多的权力等等，我就能摆脱我的不满足。但是，这种不满足是依然存在的，不是吗?我只不过是用衣服、权力、汽车掩盖了它。

因此，我们必须弄清楚怎样认识我们自身。仅仅是用财富、权力、职位来掩盖我们自己是没有意义的，因为我们将仍然是不幸的。看着这不幸的人、这处于悲痛中的人，他并没有投入他的保护人的怀抱，他也不肯躲蔽到财富和权力之中，相反，他想要知道在他悲痛后面的是什么。如果你要探究你所拥有的悲痛，那么你会发现，你是非常渺小的、空虚的、有限的，而且你正在努力去获得，去成为某种东西。正是这种索取，想成为什么的奋斗是悲痛的根源。但是，如果你开始去认识真正的自己，深入于其中，那么，你会发现一些完全不同的事。

痛　苦　中

〔俄国〕列夫·托尔斯泰

真正的生命意识和活动能消除个人的生命同人所意识到的目标之间的不相称。

全世界，不论人还是动物，都在痛苦着，而且是不停地感受着痛苦，难道我们到今天才知道这一切?受伤、残废、饥饿、寒冷、疾病，各种各样的不幸，最主要的——分娩，没有它任何人都不能出现在世界上，要知道，所有这些都是生存的必要条件。要知道，人的理性生命的内容就是要减少这些痛苦，帮助这些痛苦的人。这正是真正的生命活动所针对的目标。理解人的痛苦和人们迷

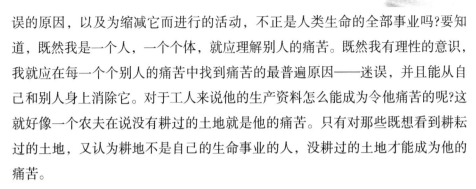

误的原因，以及为缩减它而进行的活动，不正是人类生命的全部事业吗?要知道，既然我是一个人，一个个体，就应理解别人的痛苦。既然我有理性的意识，我就应在每一个个别人的痛苦中找到痛苦的最普遍原因——迷误，并且能从自己和别人身上消除它。对于工人来说他的生产资料怎么能成为令他痛苦的呢?这就好像一个农夫在说没有耕过的土地就是他的痛苦。只有对那些既想看到耕耘过的土地，又认为耕地不是自己的生命事业的人，没耕过的土地才能成为他的痛苦。

旨在直接为受痛苦者进行爱的服务并消除痛苦的普遍原因——迷误的活动，这是摆在人面前的唯一令人高兴的工作，它给予人以不可剥夺的构成他的生命的幸福。

对于人来说，痛苦只有一个，这种痛苦就是迫使人不由自主地为那种对他来说幸福的生活献身。

这痛苦是对一种矛盾的意识，矛盾的一面是自己和全世界的罪过，另一面是要由人自己去实现自己的和全世界的生命中全部真理的义务 (不仅是可能性)。要消除这种痛苦，既不可以去参与世界的罪过却不看见自己罪过，更不可以不再相信由自己去实现自我的生命和世界的生命中全部真理的可能性和义务。前者会增加人的痛苦，后者会剥夺人的生命力量。只有真正的生命意识和活动才能消除这种痛苦，因为真正的生命意识和活动能消除个人的生命同人所意识到的目标之间的不相称。不管人愿意不愿意，他都要承认他的生命不限于从生到死这段时间内的他的肉体，他要承认被他所意识到的目的是能够达到的。他必须承认他的生命事业同全世界生命不可分割的生命事业，现在、过去、将来永远要建立在对那个目标的努力之中，即建立在越来越大的对罪过的意识之中，建立在他的生命和世界的生命相互结合的那个完整世界的不断实现之中。如果拥有理性意识，那么由于人们思考自己生命的迷误所引起的痛苦，这痛苦会迫使人们走上真正生命的唯一道路，在这条路上没有障碍，没有恶，只有一种无法被破坏的，既没有开头也没有结尾的总在不断扩大的幸福。

智慧在成长

让成长永无止境

真正的美德犹如河流,越深越无声。

——哈利法克斯

智慧在成长

致青年朋友

〔法国〕安德烈·莫洛亚

不要羡慕那个浪漫的诗人堂·璜，我很了解他，堂·璜是世界上最不幸、最不安、最软弱的人。

切忌急躁。财富和名利时起时落，我希望你们多遇到些障碍，多经历些斗争。斗争能锤炼你们的意志。等到了五六十岁的时候，你们就会像暴风雨冲击下的礁石一样坚强粗犷。世间的困苦将雕琢你们的精神。你们将成为性格坚强的人。面对舆论的浪潮，你们能报之一笑。人在年轻时，觉得一切都很可怕。最初遭到的挫折，如同挑战。人性的阴暗面令我们恐惧。在与人世间残酷的抗争中，你们应当建立一个心灵的避难所。每个人都可以在自己的思想深处，建立一个可以抵御重型炮弹和恶语中伤的隐蔽处。一个心境平和的人还有什么可怕的呢？不论是迫害，还是诽谤，都不能削弱他内心深处思想的壁垒。

对待爱情要严肃，但不要将它看得太重要。少年时代，女人们的琐碎、轻佻、谎言和残酷会使男孩震惊。不过，你们应当明白，这些表现她们天性的举止，虽然都是真的，但却只是些表面现象。观察她们要像观察大海一样：大海的表面虽然变化无常，然而，对于那些热爱大海，真心想了解大海的人来说，它是个可靠的朋友。去那些轻易委身于人的女人后面，寻找那些迟疑不肯表露柔情和给予信任的腼腆的灵魂。向你认为值得爱的女子表示你的忠贞吧。不要羡慕那个浪漫的诗人堂·璜，我很了解他，堂·璜是世界上最不幸、最不安、最软弱的人。

对任何事情都要忠贞不渝、始终如一。我知道，在事情被搞糟时，人总是爱灰心泄气，愿意寻找另外的女人、另外的朋友，在另一个环境中重新开始生

智慧在成长

活。不要走这条表面上看来容易的路。在某些情况下，对不幸的双方而言，新的选择是完全必要的。然而，对大多数人来说，最好的办法还是将现有的爱之舟修补好。能够在同自己一起成长和战斗的人中间死去，这是最幸福的事情。

最后，你们要谦逊，有胆略。爱情、思维、工作、领导，所有这一切都是困难的。在尘世生活中，你们永远不可能把它们中间的任何一项完成得与你少年时所梦想的那样圆满。尽管这些很困难，可是，并不是不可能的。在你们之前，无数代人都完成了这些工作，而且，不管怎样，他们都通过了两个黑暗的沙漠，找到了那有限的生命之光。你们还有什么害怕的呢？你们所扮演的角色是短暂的，观众也同你们一样并不是长生不老的。

谦冲自牧

〔苏联〕苏霍姆林斯基

人们称谦逊为一切美德的皇冠，因为它将自觉的纪律、天职、义务以及意志的自由和谐地融汇到一起。

要善于正确看待自己的优缺点。无论人家怎样夸奖你，你都要明白，你还远不是尽善尽美的人。你要懂得，人们赞扬你，多半是要求你这样进行自我教育：如果人家赞扬你，你就得考虑怎样才能做得更好。如果你不再进行自我锻炼和自我教育——那就是一种自高自大的表现。

学习是你品格表现的最重要领域。一个人的谦逊品德总是取决于他对自己精神条件的认识与自己所做的努力相符合的程度。谦逊是你生活理想形成过程中很重要的东西。你应当正确看待自己，冷静地估计自己能做些什么，在对未来提出主张和计划的时候，你越是谦虚，为克服困难和达到似乎不可能达到的目标时，你身上表现出来的毅力就越大。

凡是能够谦逊地估计自己能力的人，在掌握知识时都会获得很大的成就。

谦虚是爱好劳动、尽心竭力、坚定顽强的亲姊妹。夸夸其谈的人从来不是勤奋的劳动者。脑力劳动是一种需要非常实际、非常清醒、非常认真的劳动，而这一切又构成谦逊的品德——谦逊好像是天平，人用它可以测出自己的分量。傲慢具有很大的危险性——这是现代人常见的通病，它往往表现在：把对于某复杂事物的模糊的、肤浅的、表面的印象当作知识。

做一个谦逊的人——就是说要做一个对别人的微小缺点宽宏大量的人，假如这些缺点并不能对社会构成危险的话。要是每个人对别人严格要求时都以这条规则为准绳，要是每个人不但善于要求别人，而且善于不去注意别人的小缺点，善于体谅、宽容。那么，人们的生活就会轻松得多——我们每个人是这样，整个社会也是这样。许多不幸之所以发生都是由于很多人只对别人要求严格，而对自己则不然，即所谓严以待人，宽以律己。正因为这样，生活中才发生了人与人之间的争吵、冲突、家庭悲剧，也因此出现了不幸的儿童。人们称谦逊为一切美德的皇冠，因为它将自觉的纪律、天职、义务以及意志的自由和谐地融汇到一起。一个谦逊的人如果将自己身上一切值得赞扬的东西都看作是应该的、理所当然的，那么他就会将纪律当作真正的自由，并且为之努力奋斗。

待己则诚

〔印度〕克利希那穆尔提

当一个人对自己的思想、反应和感情的复杂性开始有越来越多的警惕时，他才开始有一种更大的认识。

如果你不知道自己，不知道自己思考的方法以及为什么要思考某些特定的事物；如果你不知道自己生活的背景，不知道自己为什么对艺术、宗教和你的国家、邻居以及你自己有某些特定的信念，那么，你怎么能够真正地思考任何

智慧在成长

事物呢?如果不知道你自己的背景，不知道你自己思想的实质以及这思想来自何处，那么，你的探究的确是完全无益的，你的行为也没有任何意义。

在我们能够弄清楚生命的最终目的是什么，战争、国家的对抗、冲突以及整个这一切意味着什么以前，我们必须先认识自己。难道不是吗?这听起来是如此简单，但其实是非常困难的。审视自己，了解自己是怎样思考的，必须特别地警惕。当一个人对自己的思想、反应和感情的复杂性开始有越来越多的警惕时，他才开始有一种更大的认识。这种认识不仅是针对自己，而且针对那些与自己发生联系的人。认识自己就是从行为中研究自己，而这种行为就是社会关系。

困难对于我们是如此迫切，我们想要生活，想要达到一种目的，以致我们既没有时间也没有场合给自己研究、观察的机会。或者在维持生计、教养孩子这些各种各样的劳作中承担着义务，在各种各样的组织中担当某些职责，在不同的方面我们有如此多的责任，以致我们几乎没有时间去自我反省，去观察，去研究。因此，忽略的责任实际上在于自己，而不在于别人。你也许能漫步于整个世界，但最终必须回到你自身。而且，因为我们大多数人没有认识到自己，所以要清楚地了解我们的思想、感情与行为的过程是极端困难的。

认识自己越多，就会越清楚：自我认识是没有尽头的，你不会达到一种完成，也不会得到一个结论，它是一条无尽头的长河。随着人对自身的研究以及这种研究的逐渐深入，人才能获得安宁。只有当内心是安宁的——这种安宁只能通过自我认识而不是通过强加给自我的约束而获得，只有处身于安宁与静默之中，真实才能出现。只有到那时，你才能有巨大的幸福，有创造性的行为。没有这种认识与经验，仅仅读一些书，参加一些谈话，作一些演讲，我觉得是很幼稚的，它们只是一些行为，而没有更多的意义。反之，如果一个人能够认识自己，并因此带来富有创造性的幸福和对一些精神性事物的体验，那么，也许会使与我们直接有关的社会关系和我们所生活的世界产生改变。

判 断 力

〔法国〕蒙　田

我不认为人类和个人是我的绊脚石,我学会怀疑每一步,力图调整它们。

哲学的考察与反省只是好奇心的素材。哲学家正确地将我们交给自然规律,可是这些规律却与崇高事物的知识毫无共同之处。哲学家歪曲它们,往自然的脸上涂抹浓墨艳彩,使她面目全非。对一个不变的主题,怎么有那么多不同的肖像呢?自然赐予我们走路的脚,也赐予我们生活的智慧。这种智慧当然不如哲学家创造的智慧那么敏锐、健全,那么令人惊叹,却相当简单而有益,只要有什么要求,它都能妥善完成,每个人都十分幸运地懂得如何简捷正确地、自然而然地运用它。一个人对自然的依赖越单纯,就越明智。一个精明脑袋枕着的枕头不论多么柔软,多么令人惬意,多么益于健康,也只能是愚昧无知,索然无味的。

我想通过自我研究了解自己,而不愿通过阅读西塞罗了解自己。经验告诉我,假如我是个杰出的学者,我的发现足以使我聪明。一个人,只要想想过去发怒时的暴躁,想想激动怎样使自己误入歧途,他就会看到自己那时的丑态比亚里士多德更甚,就会设想一个正直的人对此是如何深恶痛绝。一个人,只要回忆一下他曾遭受的苦难和威胁,回忆一下毫无价值的琐事怎样使他四处奔逃,他就会做好准备,应付未来发生的变化,推测即将遇到的境况。

我们真正所需的一切,主要将由自己告诉自己。如果一个人记得他有多少次判断失误,却从此不再怀疑自己的判断力,岂不是愚蠢透顶吗?我发现,如果别人论证出我错了,我从他提出的新的事实和我在这一点上的无知中——这是一个小的收获——不如从我的弱点和不可信赖的理解中获得的那么多。由此出发,我开始了一种整体的改造。对其他错误也是如此。经由这种方式,我的生活获

智慧在成长

益匪浅。我不认为人类和个人是我的绊脚石，我学会怀疑每一步，力图调整它们。知道某人说过或做过蠢事算不了什么，必须懂得，人只是傻瓜，这才是更全面、更重要的教训。

我的记忆经常失误，即便在记忆最为自信的时候。这种失误对我并非毫无裨益。现在这记忆徒劳地向我担保，我仍然向它微微地摇头。对记忆提出的最初异议使我产生怀疑，再不敢将重要的事情托付给它，也不敢在其他人的事情上为它作保。倘若不是因为健忘，不是因为别人缺乏真诚，我将始终从别人嘴里接受真理，而不是依靠自己。如果每个人都像我一样，真切地了解情感造成的后果及影响，他就能预料其来临，稍微抑制轻率的冒进。

梦

〔英国〕考德威尔

人的遗传原型不但原始，而且兽性十足，所以意识的发展在本质上是外界的加工塑造，是对完整原木的雕刻。

为什么在梦中我们会允许自己去干一些在真实生活中我们耻于做的事呢?有两个因素的结合促成了梦中的道德松弛状况。人的遗传原型不但原始，而且兽性十足，所以意识的发展在本质上是外界的加工塑造，是对完整原木的雕刻。意识开始时是自我意识，是将自身与环境区分开来。但仅此还不能保障意识，这种自我意识在某种程度上是与意识相对立的，是纯本能的。只有当自我意识回归到环境，并通过经验给自身打上环境的印记时，它才意识到现实，意识到"他性"。这是一个社会过程。

婴儿对环境产生兴趣并通过能动的经验了解环境，从而渐渐地有了意识。因为婴儿是通过语言和社会活动推进这一过程的，所以他对现实的经验是丰富

繁杂的。睡眠具有内倾性，在梦中，环境渐渐消失，大部分现实世界也随之消失。我们趋于回到童年的内倾和幼儿自我意识初萌的状态。那时的"我"是一切，而外界只是朦胧的混沌。这不仅解释了梦何以常常重演往事，稚气十足，而且解释了对梦的分析为什么能在相当程度上揭示幼儿期经历的影响。当我们睡觉时，我们的面孔就变得孩子气起来。由于同样的原因，母亲、回到子宫、乱伦以及其他种种弗洛伊德提出的为人熟知的童年主题在梦中扮演了重要角色。此外，虽然梦中的"我"十分重要，却是小的自我，因为社会生活是人实现自身的手段。梦中的"我"就像梦中的世界，只是部分地被社会化了。梦双重地脱离现实——既脱离外部现实也脱离内在现实。它并不与两方面完全断绝关系，但关系是松弛的。

依据梦境推演生活而不考虑两者的区别是错误的。这区别在于环境在生活中所起的更为积极的作用，而被人们有意识地感知理解的环境则是一种社会产物。我们生来只是遗传原型，是本能的动物。我们渐渐变得自觉，同时由于与环境相互作用，我们的本能产生适应性变化，这变化决定了我们幼年的意识，以及我们幼年的希望、渴求和目标。我们成长的过程，就是意识日渐丰富的过程，也就是说，我们幼稚的愿望更进一步地适应着环境。成年意识并不由我们婴幼期的意识决定，正如我们的意识不是由我们天生的遗传原型所决定一样。其中的差别取决于经验的差别，而经验的基础是，由于我们生活在社会中，环境进一步渗透入我们的意识。我们生活了，因而发生改变。

内在动机

〔美国〕理查德·泰勒

大自然永远注定要把它已经创造的东西提供给人们，而不管我们对这些东西的起源可能了解得多么浅薄。

　　凡做事不由自主的人，既没有罪过，也没有功德。不管用他自身的原因还是用他身外的原因来解释他的行为；不管肉体的原因还是用所谓"精神"的原因来说明他的行为，也不管这些原因是近因还是远因，这都无关紧要。我是男人而非女人，对此，我并不负有责任。因而，对于我具备男性特点的气质、欲望、意图和理想，我也不负有责任。从来没有人问我这一切是否应该加于我的身上。同样地，有盗窃癖的人无法自制地从事偷盗；长期嗜酒的人不能自拔地一再破戒。甚至，有时候英雄的死亡也是出于不能自已的勇敢冲动。虽然这些行为的因素就存在于这些人自身之中，但是，这并未减少它们的强制性，而且它们的牺牲品也从未情愿受制于这些强制性因素。说这些因素是强制性的，只是说它们强制人们行动，而说它们强制人们行动，只是说它们是人们这样行动的原因。因为，一件事物的原因一旦已产生，那结果就将不可避免地随之而来。而按照决定论的观点，一切事物都是有原因的，没有任何一件事物能够不成为它现在的状态。

　　也许有人会想，盗窃癖患者和酒鬼并非不可避免地要到这个地步，在另一种场合，他们也许不至于如此堕落，因此他们的结局也许可以比现在好一点。或者有人会想，英雄也可能表现得不好，结果成为懦夫。但是，这种想法只是表明思想者不愿深入了解促使上述这些人成为某种人的因素。由于我们已经发现他们的行为是由他们的内在动机引起的，所以我们不免要问，是什么原因造成了这些行为的内在动机?进而，我们还要问，造成这些内在动机的原因的原因又是什么?——如此追溯，以至无穷。

　　凭我们关于过去的那些零碎知识和肤浅理解，我们永远不可能知道为什么这个世界恰在此时此地产生了这个贼、这个酒鬼和这个英雄。但是，我们不应该根据我们知识的模糊性和肤浅性去想象自然本身也是一样的模糊。大自然中的一切事物，无论过去的还是现在的，始终是确定的，根本没有不明确的界限。大自然永远注定要把它已经创造的东西提供给人们，而不管我们对这些东西的起源了解得多么浅薄。因此，任何现存事物，还有任何人及其行为的终极责任，

只能归于万事万物的第一因（如果确有这样一个第一因的话），否则，这个终极责任根本无处归属（如果不存在第一因的话）。

责任的失落

〔美国〕爱因·兰德

> 他们只在意识中不断重复"我希望"，然后停留在那里，等待着，似乎将一切都交给了某种未知的力量。

大多数人不顾条件地追求欲望，这就如同目标处于模糊的真空中，迷雾遮住了手段的概念。他们只在意识中不断重复"我希望"，然后停留在那里，等待着，似乎将一切都交给了某种未知的力量。

他们所逃避的是一种判断社会的责任。他们将世界看成是既定的。"对世界我无所作为"是这些人的基本态度，他们无条件地调整自己，以适应那些有所作为者的要求，而不管他们是谁。

但是，自卑和自傲是同一心理状态的两个方面。这种心理自愿地、盲目地将自己置于别人的摆布之下，并有使别人成为自己主人的要求。

这种精神性自卑有许多显示的途径。例如，一个人想富裕，但从来也不考虑寻求什么手段、行动和条件来获得财富。他把自己当作什么?一个对世界无所作为的人，而且，也没有人会给他好运。

一个女孩，希望有人爱她，但她不去思索爱是什么，爱需要什么价值，以及她是否具有被爱的德性。她把自己看成什么呢?她觉得爱是一种无法解释的喜欢，所以，她仅仅渴望爱，如果她得不到爱，她就会认为有人剥夺了她所拥有的爱。

一对父母，遭受了很深的痛苦，因为他们的儿子（女儿）不爱他们。但同

智慧在成长

93

时，这对父母又漠视、反对或企图损害他们子女的信仰、价值和目标，从来也不试图理解子女。对这个世界他们无所作为，也不敢挑战，事实上，他们不懂，孩子对父母的爱应是自发的。

有一个人，想找工作，但从来不考虑去工作需要什么本领，以及怎样才能做好工作。他把自己看成什么？他对世界无所作为。有人欠他什么？欠多少？一点。

我认识一位欧洲建筑家，一天，他谈起去波多黎各岛的旅游。他以非常轻蔑的态度评论波多黎各岛人的居住条件。然后，他描述了使当地人享受现代居住设施的想法，包括拥有电冰箱和贴有瓷砖的浴室。我问："谁会买得起？"他似乎受到了伤害，用几乎发怒的语调说："噢，这不是我应操心的！建筑家的任务是设计建筑，让其他人去考虑钱的问题吧。"

正是这种心理导致了"社会改革"、"福利国家"、"高尚试验"以及世界的沦丧。

对自己利益和生活责任的失落，同时也意味着对其他人的生活和利益责任的失落，即那些在某种程度上为他提供欲望满足的人。

德行的嫁妆

〔英国〕休　谟

哦，大地之子啊，难道你们不知道这位圣洁女王的尊贵吗？当你们目睹她迷人的丰姿和纯正的光辉时，莫非还真的想要一份嫁妆吗？

当一个人反省内心，发现那些最骚乱的激情都已经变为正确的、和谐的，发现各种刺耳的杂音都已经从迷人的音乐中消失，那该是何等的欣慰！假如说沉思是如此可爱，即使就其单调的美而言；假如说它夺人心魄，即使它最美好

的形式对我们并不适合。那么，道德美的效果又将如何?当它装饰我们的心灵，成为我们反思和努力的结果之时，它又将具有怎样的影响?

德行的酬劳在哪里?我们常常为它付出生命和幸福的代价，大自然又为这种重大的牺牲提供了什么作为报答?哦，大地之子啊，难道你们不知道这位圣洁女王的尊贵吗?当你们目睹她迷人的丰姿和纯正的光辉时，莫非还真的想要一份嫁妆吗?不过我们要知道，大自然对人类的弱点一向是宽容谅解的。她从来不会让她宠幸的孩子一无所获，她为德行提供了最丰富的嫁妆，然而她小心提防，免得让利益的诱惑引起那些求爱者的兴趣，而这些求爱者对如此神圣超绝的美的朴素价值其实是漠不关心的。大自然非常聪明，她所提供的嫁妆只有在那些业已热爱德性、心向往之的人们眼中才具有吸引力。荣誉就是德行的嫁妆，就是正当辛劳的甘美报酬，就是加于廉洁无私的爱国者那思虑深重的头上或是胜利的勇士那饱经风霜的头上的胜利桂冠。有德之士靠着这种无比崇高的奖赏的提携，蔑视一切享乐的诱惑和一切危险的恐吓。当他想到死亡只能支配他的一部分时，就连死亡本身也失去了它的恐怖。不论是死亡还是时间，不论是自然力量的强暴还是人事浮沉的无定，他确信在人群中他会享有不朽的声名。

一定有一个支配宇宙的存在者，他用无限的智慧和力量，使互不调和的因素纳入正义的秩序和比例。且让那些好思辨的人们去争论吧，去争论这位仁慈的存在者究竟把他的关注扩展到多远的地方，去争论他为了给德性以正确的酬劳并让德性获得全胜，是否让我们在死后还继续存在。有德之士无需对这些暧昧的问题做任何抉择，他满意于万物的最高主宰向他指明的那些嫁妆。他无比感激地收下为他备下的进一步的酬赏。然而如果遭受了挫折，他并不认为美德就只是徒具虚名。相反，他正是把美德视为自己的报偿，他欣喜地感受造物主的宽宏大量，因为是造物主让他得以生存，并赋予他这样的机会，从而学会了一种极为宝贵的自制。

智慧在成长

见素抱朴

〔印度〕克利希那穆尔提

如果一个人不是朴素的，那么这个人就不可能敏感到事物内在的暗示。

没有朴素，一个人就不可能是敏感的——对树，对鸟，对山，对风，对我们周围世界所发生着的一切事物；如果一个人不是朴素的，那么这个人就不可能敏感到事物内在的暗示。我们大多数人是如此浅薄地在我们意识的表层上生活着。在那里，我们试图成为有思想的或聪明的，这与要成为宗教信仰者同义，我们试图通过强制，通过戒律使我们的头脑变得简单，但是这种简单并不是朴素。

当我们迫使高级的头脑变得简单时，这种强制只能使头脑变得顽固，而不可能使头脑反应快、清醒和敏捷。要使头脑在整体上成为简单的，我们意识的全部过程将成为艰难的，因为决不能有任何内在的保留，必须有一种去发现，去要求进入到我们的生活过程中的渴望，这意味着要醒悟到每一个暗示、每一条线索；要意识到我们的害怕、我们的希望，而且要去调查研究，要从它们中获得越来越多的自由。只有这样，当头脑与内心真正成为简单的，而不是被外壳所缠缚时，我们才能够去解决我们所面临的问题。

知识不会解决我们的问题。你也许认为，人死以后存在着灵魂的再生，存在着精神的延续。我是说你也许认为，而不是说你在体验。或者你确信这一点，但这不能解决问题。死亡不能依靠你的理论，或者依靠知识，或者依靠确信被解决。死亡要比这些更神秘、更深奥、更有创造性。

一个人必须具有重新调查研究所有这些事物的能力，因为只有凭借直接的体验，我们的问题才能被解决，而要有直接的体验，就必定要有朴素，这意味

着领悟者必定具有敏感。精神已被知识的重量，被过去和将来压得迟钝了。只有看到我们的环境在不断地将有力的影响和压力强加给我们，精神才能够不断地使自己适应于现实。

因此，纯粹的宗教信仰者决不是那种穿上一件长袍，或缠上一块腰布，或靠一日一餐而生活，或已发过誓言要成为这样而不成为那样的人，而是一个精神上朴素的人，一个不去变成某种东西的人。这样的头脑是有接受新事物的非凡能力的，因为它没有任何障碍，没有任何害怕，没有任何要接近某些事物的欲望。所以它具有获得仁慈、真理或你渴望的东西的能力。

日日更新

〔法国〕史怀泽

我们以后的收获，取决于我们的生命之树在春天的萌芽。

决定一个人本质和生命的理想以充满神秘的方式存在于他的心中。当他走出童年，它就开始在他心中发芽；当他充满青年人对于真和善的热忱时，它就开花结果。我们以后的收获，取决于我们的生命之树在春天的萌芽。

在生活中，我们应努力始终像青年那样思想和感受。像一个忠诚的顾问，这一信念陪伴着我的生活道路。我本能地防止自己成为人们通常所理解的"成熟的人"。

被应用于人的说法"成熟"，始终有些令我害怕。因为，与它同在的是些如此不和谐的词：贫乏、屈从和迟钝。通常，我们看到所谓成熟者的标志是：顺从命运的理性化。人们逐步放弃年轻时珍视的思想和信念，以别人为榜样追求这种命运理性。他曾信赖真理的胜利，但现在不再信赖了；他曾努力追求正义，但现在不再追求了；他曾信赖善良与温和的力量，但现在不再信赖了；他曾能热情振奋，但现在不能了。为了能更好地经受生活的惊涛骇浪，他减轻了自己生命之舟的负担。他抛弃了自认为是多余的财富，但扔掉的实际上是饮用水和干粮。现在他轻松地航行着，但却是一个受饥渴折磨的人。

年轻时，我曾听到大人的谈话，有些话深深地刺伤了我的心灵。他们在回顾青年时代的理想主义和热情时，只是将那看作似乎值得人们留恋的东西。同时，他们又认为放弃它是人对生命无能为力的自然规律。

从那时起，我害怕有朝一日我也会这样令人忧伤地回顾自己。我决心不屈服于这种悲剧性的理智。我已经试图实行我几乎是孩子气般的反抗中的誓言。

成年人太喜欢在可怜的境况中卖弄，以使青年人明白：总有一天，他们会将今天极为珍视的一切东西看作只是幻想。但是，深沉的生活体验对青年人说的则是另一番话。它恳请青年人，在整个生命中要坚持鼓舞他们的思想，人在青年的理想主义中觉察到真理，因此他拥有了一笔无价之宝。

我们每个人必须对此做好准备，生活要夺去我们对善和真的信仰以及对它们的热忱。但是，我们并不需要听生活的摆布。付诸实施的理想，通常为事实所扼杀，但这并不意味着，理想从一开始就应该屈服于事实，而只是因为我们的理想不够坚定。理想不够坚定的原因在于它在我们心中不纯粹、不坚定。

道德进击者

〔苏联〕苏霍姆林斯基

你越是想躲开邪恶，不跟邪恶作斗争，你就越会受到邪恶的攻击。

人的举止反映在动作和语言里，甚至反映在眼神中。语言是与心灵息息相关的，它既可以是娇嫩芳香的花儿，也可以是唤起对善的信念的"复活神水"；既可以是一把利刃、一块烧红的铁，也可以是一团泥。甚至在沉默不语的时候，语言会变成突如其来的行动，有时候，在那需要辛辣、直率、诚挚语言的地方，

我们会遇到令人可怕的沉默，这是最卑鄙的行为——叛逆。

有时候情况正好相反：应该保守秘密的话，一讲出去也会成为叛逆。明智与美好的语言可以给人带来欢乐；愚蠢而恶毒、轻率而缺乏分寸的语言则给人带来灾祸。语言可以使人消沉，也可以使人振奋；可以中伤人，也可以治愈创伤；可以使人惊恐、绝望，也可以使人精神高尚；可以使人打消疑团，也可以使人垂头丧气；可以使人发笑，也可以使人哭泣；可以激发对他人的信赖，也可以使人缺乏信心；可以鼓舞人去劳动，也可以使人的精神力量呆滞不前。凶狠的、不妥当的、缺乏分寸的随随便便的蠢话可以使人受到凌辱，使人痛心惊愕。

当你碰到的人希望你说话的时候，或者他迫切要求你保持沉默的时候，你要善于揣度和体察出来他的心意。有时候，只要你一句话，人家就可能将你当作一个蛮横无理、不学无术、夸夸其谈、光说大话的人。

要爱护、要怜惜人的易受感动和易受挫伤的特性。请你不要让自己的举动凌辱别人，使他痛苦、焦虑、惊慌不安。请你不要用自己的无知去播下对人善良本质不信任的种子。生活中恶劣的行径越多，道德根基不深、缺乏经验的人就越有理由对善良和正义的胜利表示怀疑。当人们不再重视恶劣行径的时候，犯错误的人就会不断增加，这就等于创造一个不利于培养人的环境：在这种环境里，像培养生物的培养基（用形象的话来说，培养高尚行为的主要根基）那样来培养道德觉悟，是根本不可能的。你应该能得出一条十分重要的生活准则：假如你对邪恶视而不见，甚至于用市侩哲学"这与我无关"来安慰自己，那你将在邪恶面前失去自卫能力。你越是想躲开邪恶，不跟邪恶作斗争，你就越会受到邪恶的攻击。因此，你应当做一个在道德上总是处于进击状态的人，做一个对邪恶毫不妥协的人，做一个不屈不挠的人！

智慧在成长

上帝死了

〔美国〕弗洛姆

　　新的道德可能有它的缺陷，但它在反对空虚的形式和言词方面仍然产生着重要的影响。

　　陀思妥耶夫斯基说过，如果上帝死了，那么任何事情都可能发生。他认为，人类所有的道德都建立在对上帝的信仰上。如果人们不再相信上帝，如果上帝不再是形成人们的思想和行动的真实事物，那么我们就有必要询问：他们是否会变得完全不道德，他们是否仍然能以某些类型的道德准则作为指导？这是一个我们必须认真对待的问题。如果我们感到悲观，我们就可以得出结论说：这是已经发生的事情，我们的道德正在衰败。现在与从前之间存在着一些重大区别。例如，在1914年，参战的国家遵守着国际公认的两项规定：不杀害平民，不虐待任何人。今天，在任何敌对行动中，杀害平民已经被许可，因为战争集团已不再接受对他们使用武力所作的任何限制。而且技术也不可能考虑到这种区别。技术杀人是不问姓名的，我们按一下电钮就可以杀人。由于我们看不到对手，我们就不会产生同情或怜悯。虐待是今天的常规而不是例外。每个人都想否认这一点，但那却是一个众所周知的事实。使用虐待来获取情报是普遍的现象。如果我们知道世界上有多少国家使用这种方法，我们一定会大吃一惊的。

　　也许，我们不必说这种残酷正在增长，但是很难否认，人道以及随之而来的道义禁令正在衰败。这给世界带来了巨大的变化，但是，另一方面我们也能看到新的道德准则正在出现。我们的年轻一代，在他们为和平，为生活，反对破坏和战争的斗争中发现了这些准则。他们不只是发出空洞的议论。许多年轻人（不只是年轻人）表现出他们忠于另外一些更好的价值和目标。数以百万计

的人们已经开始意识到在这么多的战场上，生活正在被毁灭，意识到不人道的战争其实连自卫的借口都没有。作为消费社会的对立面，我们也看到一种新的爱的美德正在形成。这种新的道德可能有它的缺陷，但它在反对空虚的形式和言词方面仍然产生着重要的影响。在政治领域的自我牺牲中，在今天正在继续进行的为自由和自决而进行的无数斗争中，我们也看到一种新道德的具体存在。

这是些令人鼓舞的发展。因此我感到，陀思妥耶夫斯基把道德原则和对上帝的信仰那么紧密地联系在一起是错误的。在没有任何权威和家长制支持的基础上，人类文化是怎样发展了道德准则呢？对此，佛教给我们提供了一个鲜明的例子。这些准则按照意愿在人的灵魂中生根繁衍。这就是说，如果人们不懂得指导他们生活的准则，人们就不能生活，就会陷入混乱和不幸。这个准则不能强加于他们。它一定得从他们那里出现。

人间美德

〔法国〕伏尔泰

人与人之间的美德是慈善的交流。没有参加这种交流的人就不应该被考虑进去。

你是否戒酒与我有何相干？你在遵守健康的原则，它将使你感觉良好，为此我祝贺你。你有信仰和希望，因此我更要祝贺你，因为它们使你永生。这些神学上的美德是上帝的礼物，这方面的美德是帮助并引导你发展的优秀品质，但在你的同胞看来，它们并不是美德。谨慎的人追求自己的利益，有美德的人为别人行善。圣保罗说慈善要比信仰和希望重要得多，他说得对。

但请注意：我们是否真的应该认为只有那些对我们同胞有益的事才算美德？除此之外，我们能选择什么？我们生活在社会之中，只有对社会有益的才是真正

智慧在成长

对我们有益的。一个隐居者，他严肃而又虔诚，穿着动物皮毛做的衣服，这虽然很好，但他只是个圣人。只有当他做了一些让其他人受益的善事以后，我才会称他为有德行的人。只要他是独自一人，他就既不好也不坏，他对我们而言什么也不是。如果布鲁诺使一些家庭和睦，如果他帮助了穷人，他就是有德行的人。如果他独自一人禁食并祈祷，他只能是个圣人。人类之间的美德是慈善的交流，没有参加这种交流的人就不应该被考虑进去。如果这个圣人是生活在世上的，他无疑会行善。但只要他不是生活在人世间，世人不称他是有德行的人就是对的：因为他只对他自己有益，而不是对我们。

但你告诉我：如果一个隐居者是个贪食者、酒鬼，并且私下放荡淫逸，那他就是邪恶的。而如果他有相反的品德，他就是有德行的。我不能同意这一点。如果他有你提到的缺点，那他就是个卑鄙的家伙，但他不是邪恶的，社会不能惩罚他，因为他对社会无害。我们可以假设，他一旦回到社会，他将有害于社会，他将变成邪恶的人，这种可能性要比戒酒者和高雅的隐居者成为正直的人的可能性大得多：因为社会只能让人缺点增加，优点减少。

有人提出过强烈得多的反对意见：尼禄、教皇亚历山大六世和其他这类残忍的人都做过一些好事。我斗胆回答说，在当时他们是有德行的人。

一些神学家说神圣的皇帝马可·奥勒留是没有德行的人，因为他是一个固执的斯多葛派，他并不满足于命令别人，他还想受到人们的尊敬，事实是他自身也从对人类的行善中获益。他的一生都是为虚荣而正义、勤勉、行善。他的美德只是为了用来愚弄人类。对这些指责我要大声喊叫："亲爱的上帝，经常赐给我们一些这样的恶棍吧！"

正当与否

〔美国〕弗兰克纳

道德所要求我们的是正义、信守诺言等等，而不是仁慈。

我提出，把两条原则——仁慈原则和公平分配的原则——看作我们正当与否理论的基本前提。对于这一前提的反对意见可能是：尽管正义原则不能从仁慈原则中得出，但仁慈原则却能从正义原则中被推导而来。因为，如果一个人既没有增加他人的善，也没有为他人减少恶（而当时他能够这样做，也不存在任何义务冲突），那么这个人就是非正义的。因此，正义包含着仁慈（在可能、同时又不存在其他考虑之约束的情况下）。

作为对这种反对意见的回答，我同意说在特定的情况下，从某种意义上说，仁慈是正当的，而不仁慈是不正当的。但却不同意将它们分别说成是正义的，或非正义的。所有正当的事并非都是正义的，所有不正当的事也并非都是非正义的。乱伦，即便它是不正当的，却很难说它是非正义的；虐待儿童，如果涉及不是对成人那样平等地对待他们，就可能是非正义的，同时也是不正当的；给他人以快乐可以是正当的，但不能将它们严格地说成是正义的。正义只是道德的一部分，而不是它的全部，那么仁慈可能属于道德的另一部分，我认为这才是公正的说法。就连穆勒也区分了正义与其他道德义务的界限，并将博爱和仁慈放在后者之中。当鲍西娅对夏洛克讲如下的话的时候，她也是这样做的：

倘若能以慈悲调剂着正义，

人间权力就无异于上帝的权力。

不过已经有人提出，严格地说，我们并不具有仁慈的责任或义务。从这一观点出发，仁慈被看作是可嘉许的和有德性的，但它并不是我们所说的道德责任。道德所要求我们的是正义、信守诺言等等，而不是仁慈。这里有一定的道

智慧在成长

理。甚至当人们可以采取，而实际并未采取仁慈的行为时，也不能说他们完全是不正当的。例如，不把自己的音乐会门票给别人，如果他对我的仁慈有一种权利，我不给他票才是真正的不正当，但他不可能永远具有这种权利。然而，仍然可以在"应该"一词更广泛的意义上说，我应该仁慈，甚至也许应该把我的票给其他更需要的人。康德提出了近似的观点，他认为，仁慈是一种"不完备"的责任。人应该是仁慈的，但他有权对行善的时机进行选择。在任何情况下，给别人带来恶或痛苦肯定是不正当的，这显而易见。承认这一点，也就是承认了仁慈原则是部分正确的。

哲学家的歧途

〔英国〕休　谟

　　如果你在任何活动中老是只看到你自己，那只是由于虚夸，由于你想为自己求得名誉和声望。

　　你爱你的孩子，因为他是你的；你爱你的朋友，理由也是一样；你爱你的国家，只以它同你的联系如何为度。如果将自我这个观念去掉，那就没有什么能打动你，你也就完全死气沉沉、麻木不仁了。而如果你在任何活动中老是只看到你自己，那只是由于虚夸，由于你想为自己求得名誉和声望。如果你承认这些事实，那么你对人类行为的说明我会乐于接受，这就是我对你的答复。自爱展现于对他人的仁爱之中，你必须承认它对人类行为有巨大的影响，在许多情况下它甚至比那种原始的模样和形式影响力更大。否则，有家庭、孩子和亲友的人，为什么很少有人会不赡养不教育他们而只顾自己享乐呢？

　　的确如你所观察到的那样，这也许是从自爱出发的，因为人的家庭和朋友的诸事顺遂正是他的快乐和荣耀所在，或他自己的快乐和荣耀的重要方面。如

青少年智慧人生丛书

果你也是一个这样自私的人，那你就会确信每一个人都有好的想法和善良意愿，那你就不至于在听到下面这个说法时感到吃惊：每个人的自爱，包括我的自爱，会使我们倾向于为你服务，说你的好话。

照我的看法，使那些坚持人性自私的哲学家走入歧途的有两件事：第一，他们发现每个善良或友爱的行为都伴随着某种隐秘的愉快。由此，他们得出结论说，友谊与美德不可能是无私的。但这种看法的谬误显而易见，因为是善良的情感或热情产生了愉快，而不是从愉快中产生了善良的情感。我为朋友做好事时感到愉快是因为我爱他，而我并不是为了愉快才去爱他。

第二，哲学家们总能发现有德之人远不是对赞扬抱无所谓态度的，因此就将他们描绘成一些虚荣心很强的人，说他们一心想得到的就是别人的称赞。但这也是一种错误的看法。如果在一个值得赞许的行为里我们发现了某些虚荣的气息，根据这一点就贬损这个行为，或者将它完全归结为追求虚荣的动机，那是很不公正的。虚荣心同其他情欲不同，如果表面的善良行为里实际上有贪婪和报复的打算，我们很难说这些打算在伪善行为里究竟占有多大比重，只能很自然地假定它就是唯一的动机。但是虚荣心同美德却可以紧密相随，喜欢得到做好事的名声与做好事本身是非常靠近的，所以这两种情感容易混在一起，甚于同其他任何情感的关系，爱做好事而一点不爱赞扬几乎是不可能的。因此，我们发现这种光荣感永远会按照心灵的特殊兴趣和气质以曲折变化的形式存在于人心之中。

智慧在成长

青少年智慧人生丛书

追 求 善

〔美国〕艾德勒

我如果没有作出正确选择的固有习惯,我就无法得到过好日子的幸福。

一个从来就不节制的人,会错误地沉迷于只追求表面的善,他过分地追求一时的欢乐,不从长计较去追求真正的善。这样,在追求善的方面,他会脱离自己的最终目标。同样,对于一个向来怯懦的人来说,由于他缺乏坚韧不拔的精神,不能忍受痛苦和前进道路上的困难,他也无法得到他所追求的真正的善。

在我看来,问题的唯一答案必然存在于一个难以解释而且很少被人理解的真理之中。如果我所说的节制、勇气和正义,道德美的这三个方面是可分割的而且一个人可能只拥有其中一种特性的话,那么,就我本人来说,我会不知道怎样为待人正义会对自己的幸福有利这种观点辩护。不过,如果情况与此相反,所说的这三种特性虽各不相同,但作为一个不可分割的整体,它们是道德美的几个密不可分的方面的话,那么,我们所寻求的答案也就有了。

这个答案所依据的论证是这样的,我如果在道德上不具备美德,或者说,我如果没有作出正确选择的固有习惯,我就无法得到过好日子的幸福。对于道德美德的三个方面,我不能只有其中一个方面,因为道德美德的三个方面(即我所说的节制、勇气和正义)是彼此不可分割的。

我不能只节制而没有勇气与正义,也不能只有勇气而没有节制与正义。如果我不正义,我就既没有节制也没有勇气。如果我放纵自己,缺乏韧性,就得不到幸福。所以,不正义,我就得不到幸福。

因此,为达到善这个终极目的,也就是说,为了整个一生都能过上好日子,我必须以正义待人,以正义处理与我所在社区的关系。

如果我们深入洞察道德美德的性质，看出它就是人类行为向着最终目标与人类共同利益发展的方向，那么，我们就可以因此支持上述观点，并说清这种观点的真理依据。这样，我们在行动中，要么朝那个目标努力，要么反其道而行之。

具体的选择或行动是不可能同时指向两个方向的。当我们选择对他人有利因而朝那个方向移动时，我们就不可能选择对自己有利而向相反方向移动。

自然秩序

〔印度〕克利希那穆尔提

你曾非常仔细地看过一朵花吗？它的所有花瓣的精致是多么令人感到惊讶。

在生活上的许多事情中，你是否曾关心过为什么我们大多数人是相当邋遢的——我们的衣服、我们的生活方式、我们的思想、我们做事情的方法是那样的邋遢？为什么我们不守时，而且那么不替别人着想？而又是什么给每一件事情——我们的服装、我们的思想、我们的谈话方式、我们走路的姿势、我们对待那些不如我们幸运的人的方式——带来了秩序呢？是什么带来了那种没有强迫，没有计划，没有蓄意的心理活动而出现的难以理解的秩序呢？你是否曾考虑过它们？你知道我所谓的秩序是指什么吗？它是安然地不是被迫地就座，是文雅地而不是狼吞虎咽地进食，是悠闲的而且也是准确的，在一个人的思想中是清晰的而且也是开拓性的。是什么带来了生活中的这种秩序呢？这真是非常重要的一点，我认为，如果人能被引导着去发现产生秩序的因素，那将具有巨大的意义。

的确，秩序只有通过善才能出现。因为，除非你是善良的，不仅仅是在大事上，而且是在所有的事上善良，否则你的生活会变得混乱，难道不是吗？成为善良的人，这本身几乎没有任何意义。但因为你是善良的，所以在你的思想中存在着精确性，在你整个生命中存在着秩序，这就是善的作用。

但是，当一个人试图成为善良的人，当你训练自己成为仁慈的、有能力的、有思想的、能替他人着想的人，当你努力不去恨人们，当你把自己的精力花费在建立秩序的试图中，花费在成为好人的奋斗中时，会发生什么呢？你的努力只能导引出那种带来精神平庸的体面，因此你不是善良的。

你曾非常仔细地看过一朵花吗？它的所有花瓣的精致是多么令人感到惊讶，而且它还有一种特别的娇嫩、一种芳香、一种秀丽。现在，当一个人试图成为有秩序的时候，他的生活或许是非常精确的，但它已失去了像花所拥有的那种只有当不存在任何努力时才会出现的优雅品性。因此，我们的困难在于要不努力地成为精确的、明晰的和高贵的。

雅典娜的天空

真正的智慧是知道那些最值得知道的事情，而且去做那些最值得做的事情。

——汉弗莱

智慧在成长

学会阅读

〔美国〕卡尔·萨根

你必须使知识内在化,这样它才能成为你自己的东西。

如果你出生于书香门第,家里有很多书可供阅读,而你的父母、兄弟姐妹、叔叔、婶婶及表兄弟都以读书为乐,那么你自然也将学会读书。如果你身边没有人以读书为乐,那你怎么会认为在读书上花费工夫是值得的呢?如果你能得到的教育质量不高,如果老师只让你死记硬背,而不教给你思维的方法,如果你刚开始读书就接触到几乎像天书一样的东西,那么,你的阅读之路就成了一条难以行走的荆棘小路。

你必须使知识内在化,这样它才能成为你自己的东西。你要记住几十个大小写字母、标志和标点符号,你还要逐个记住数以千计的固定拼写。要牢记许多硬性规定的语法规则。如果你在没有开始学习之前就处于这样的境况,即家庭不给你提供基本支持,对你的欲望大为光火,对你的要求不予理睬,让你做其他的事情,你会时时感到处于危险之中,并产生自我仇恨的心理,你可能就会得出这样的结论:读书太费劲,不值得如此劳心费神。如果有人不断地向你传递这样的信息:你太笨,不适合读书 (或具有相当于功能障碍的疾病,对读书过于冷漠),如果你的身边没有人对这样的看法提出相反的意见,你就很可能会接受这种有害的建议。但总是有一些孩子能够战胜困难,而很多人却做不到。

除此之外,还有另外一个特别的潜在方法,如果你很穷,你可能会在读书,甚至思维方式上,遭受到另一种打击。安·德鲁彦和我都出生于饱受贫困折磨的家庭,但是我们的父母亲都是热爱读书的人。我们的一个祖母学会读书是因为她的父亲,一个以种地为生的农民,曾经卖过一袋洋葱给一位流动教师。在以后的长达一个世纪的岁月里她都一直坚持读书。我们的父母在纽约公立学校时接受了这个学校灌输给他们的个人卫生学和病菌理论。他们学会了美国农业部推荐的儿童营养配方，在他们心中，仿佛这些配方是从西奈山上传下来的一样。政府发行的儿童健康书籍由于被反复地翻阅，书页散落，他们就将书页粘合到一起。书的四边也都卷曲，主要的建议被划线加注。每当家人遇到治疗问题的时候，他们会去查阅这本书。曾经有一段时间，我的父母戒了烟，这是他们在大萧条时期所能享受到的为数不多的快乐之一。这样他们的孩子就能得到维生素和矿物质的补充。

唯书有华

〔德国〕叔本华

平庸作家的著作，也可能是有益和有趣的，因为那也是他的精神活动的精华，是他一切思想和研究的成果。

温习是研究之母。任何重要的书都要立即再读一遍，首先因再读时更能了解书中所述各种事情之间的联系，知道它的末尾，才能彻底理解它的开端。其次因为读第二遍时，会有与读第一遍时不同的情调和心境，因此，所得的印象也就不同，这犹如在不同的照明中看同一件东西一样。

作品是作者精神活动的精华，如果作者是个非常伟大的人物，那么他的作品常比他的生活还有更丰富的内容，或者大体也能代替他的生活，或远超过它。平庸作家的著作，也可能是有益和有趣的，因为那是他的精神活动的精华，是他一切思想和研究的成果。但他的生活际遇并不一定能使我们满意。不过，这类作家的作品，我们也不妨一读。何况，高级的精神文化，往往会使我们渐渐达到另一种境地，帮助我们可以不必再依赖他人寻求乐趣，因为书中自有无穷之乐。

没有别的事情能比读古人的名著更能给我们精神上的快乐。一拿起一本这样的古书来，即使只读半小时，也会觉得无比的轻松、愉快、清静、超逸，仿佛汲饮清冽的泉水般舒适。这原因，大概首先是由于古代语言的优美，其次是因为作者人格的伟大和视野的深远，其作品虽历数千年，仍无损它的价值。我知道目前要学习古代语言已日渐困难，这种学习一旦停止，当然会有新文艺兴起，其内容是以前未曾有过的野蛮、浅薄和无价值。德语的情况更是这样。现在的德语还保留有古代的若干优点，但很不幸的却是许多无聊作家正在热心而有计划地对它进行滥用，使它渐渐成为贫乏、残废，甚至成为莫名其妙的语言。

文学界有两种历史：一种是政治的，一种是文学和艺术的。前者是意志的历史，后者是睿智的历史。前者的内容是可怕的，所写的无非是恐惧、患难、欺诈及可怖的杀戮等等；后者的内容是清新可喜的，即使在描写人的迷误之时也是如此。这种历史的重要分支是哲学史。哲学是这种历史的基础低音，这种低音其实也能传入其他的历史中。所以，哲学是最有实力的学问，然而它发挥作用的速度是很缓慢的。

伪 智 慧

〔英国〕罗　素

人是轻信的动物，他必须相信一点什么。假如信仰没有好的根据，坏的也能满足他。

在美国，有人郑重地向我保证，在三月出生的人是不幸的，在五月出生的人容易长鸡眼。我不知道这些迷信的历史渊源，它们可能来自巴比伦或埃及的宗教传说。信仰始于高等社会，它渐渐侵入到受教育的人群中，也许要三四千年的功夫。在美国，你会发现你的有色女奴引用柏拉图的话——不是那些被学者引用的话而是他说的胡话，比如在生前不寻求智慧的人来生就会变女人。而

智慧在成长

伟大的哲学家们的诠释者总是有礼貌地忽视他们的傻话。

亚里士多德，虽然声名很好，却是个充满了荒谬的人。他说女人受孕应在冬天，当风是在北方的时候；他说太早结婚的人只会生女孩；他告诉我们女人的血比男人的血更黑；说猪是唯一会生麻疹的动物；说治疗患失眠的象应该在它的肩上抹盐、橄榄油和温水；说女人的牙齿比男人的少几个。然而，大多数的哲学家依然视他为智慧榜样。

关于吉日凶日的迷信几乎是普遍的。在古代，它们控制着将军们的行动。我们自己也仍然对星期五和十三号持有强烈的偏见。水手们不欢喜在礼拜五航行，许多旅馆没有十三楼。关于星期五和十三号的迷信也曾被聪明人相信过，今天，聪明人则视之为无害的疯狂。可是，也许两千年以后，今天的聪明人的信仰也将同样地显得愚笨。人是轻信的动物，他必须相信一点什么。假如信仰没有好的根据，坏的也能满足他。

相信"自然"和相信"自然的"是许多错误的渊源。这种信仰曾经在，而且仍然在医药方面有很大的作用。人的身体，假如我们随它去，它有自己医治自己的力量。小伤口通常自己会好，伤风会过去，甚至严重的病有时不医也会好。但是即使情形如此，对自然的帮助依然是必要的。伤口会化脓，假如不消毒，伤风会让人患上肺炎，只有远方的旅客或探险家在没有办法的时候才不理会严重的疾病。许多显得自然的东西原是不自然的，如同穿衣和沐浴。在人们发明衣服之前，他们一定曾发现住在寒带是不可能的。在不清洁的地方，人会生各种疾病，如斑疹伤寒，西方人已经不再生那种病了。预防针曾经被视为不自然，但是这种反对是矛盾的，因为没有人能假定一根断了的骨头会自自然然地好起来。吃煮熟了的东西也是不自然的，生火取暖也是不自然的。

无　知

〔英国〕罗伯特·林德

人类感受过的最大欢乐之一是：迅速逃到无知中去追求知识。

我熟悉五月就像熟悉乘法表一样，我能够通过一场关于五月的花卉、这些花卉的样子和它们的开放顺序的考试。今天我能够满怀信心地断言：金凤花有五个花瓣（或许是六个？上个星期我是肯定知道的）。但明年我将很可能忘记了我的算术，并且可能得再学习一次以免将金凤花同白屈菜混淆起来。我将通过一个陌生人的眼睛把世界看作是一个花园，美丽如画的田野将出乎意料地使我大吃一惊。我将发现自己在问自己，宣称雨燕（那只黑色的被夸大了的燕子，然而，可又是蜂鸟的亲属）永远不落下来栖息。哪怕是在一个鸟窝上也不落下，而是在夜间消逝在高空的。这是科学还是无知?我将带着新的惊讶了解到唱歌的布谷鸟是雄的而不是雌的。我也许要再学习一遍以免把狗筋曼叫作野天竺葵。

即使是不识字的人的无知也是伟大的。使用电话机的普通人解释不了电话机是怎样工作的。他把电话、火车、铸造排字机、飞机视为理所当然的东西，正像我们的祖先将福音书中的奇迹视作理所当然一样。对这些东西，他既不怀疑也不理解。我们每个人好像只是调查了一个小圈子里面的事实并把这些事实变成了自己的。日常工作以外的知识被大多数人看作是华而不实的东西。然而我们还是经常对我们的无知作出反应，加以反对。我们不时唤醒自己并思考。我们喜欢对什么事情都思考——思考死后的生活或思考那些据说曾经使亚里士多德感到困惑的问题——"为什么从中午到子夜打喷嚏是好的，但从半夜到中午打喷嚏却是不吉利的"——人类感受过的最大欢乐之一是：迅速逃到无知中去追求知识。无知的巨大乐趣，归根结底，是提问题的乐趣。已经失去了这种乐趣的

智慧在成长

人或已经用这种乐趣去换取教条的乐趣（这就是回答问题的乐趣）的人，已经开始僵化了。人们羡慕乔伊特那样爱一问到底的人，他在60岁之后还坐下来学习生理学。我们中间的大多数人在到达这个年龄以前早已失去了无知感。我们甚至因为我们像松鼠那样积攒的一点知识感到自负，并把不断增长的年龄本身看作是无所不知的源泉。我们忘记了苏格拉底之所以凭智慧闻名于世并不是因为他无所不知而是因为他70岁的时候认识到他还什么都不知道。

生命的细部

〔美国〕潘诺夫斯基

　　我们为什么要对过去感兴趣呢？答案与前面相同：因为我们对现实有兴趣。

　　一个人拿出1美元买25个苹果，他作出了一种信任行为，并表示服从一种理论学说，正如中世纪的延期付款一样。一个人被汽车撞倒了，也可以说他是被数学、物理和化学撞倒了。一个过着思辨生活的人，他的思考不可能不影响他的行为，正如他的行为不可能不影响他的思维一样。哲学和心理学理论、历史学说以及一切思想和发现，都曾改变，而且还在改变着亿万人的生活。甚至那些仅仅传播知识或学问的人，也用最谦虚的方式参与了构造现实的过程——关于这种事实，人文主义的敌人也许比它的朋友认识得还要真切。仅仅从行为的角度认识我们的世界是不可能的。正如经院哲学家所说，只有在上帝那里"行为和思维才是和谐的"。至于我们的现实，只能被理解为二者的相互交融。

　　但是，即使如此，我们为什么要对过去感兴趣呢？答案与前面相同：因为我们对现实感兴趣。过去与现在同样都是真实的。一个小时以前，这个讲演还属于未来，四分钟之后，它将成为过去。我刚刚说过，一个人被汽车撞倒了，也可以说是被数学、物理学和化学撞倒了，同样，还有另一种说法：这个人也可以说是被欧几里得、阿基米得和拉瓦锡撞倒了。

　　为了把握现实，我们必须摆脱现在。哲学和数学用一种不受时间约束的媒介建立了它们的体系，这样它们摆脱了现在。自然科学和人文主义则是通过创造时空结构摆脱现在，我将这时空结构称之为："自然体系"和"文化体系"。在这里，我们接触到了人文主义与自然科学之间最根本的区别。自然科学所观察到的是自然界中有时间性的过程，而它要理解的是这些过程赖以发展的没有时间性的法则。物理学的观察只能在可能"发生"某件事的地方进行，就是说，它只能在出现变化或通过实验方法使之出现变化的地方进行。但是，人文主义所面临的任务则不同，它面临的任务不是捕捉那些可能会溜掉的东西，而是赋予那些可能会死灭的东西以生命。它不是与转瞬即逝的现象打交道，不是让时间凝固下来，而是闯入一个时间在其中自动停止下来的王国，并试图使这个王国恢复生机。这样做的时候，人文主义者全神贯注地注视着那些我认为是"从时间长河中涌现出来的"记录，他们迫不及待地要捕捉的是形成和改变了那些记录的过程。

世俗之乐

〔印度〕克利希那穆尔提

　　意识到幸福或开始追求幸福正好就是幸福的结束。

　　也许你想嫁给最富的人，或者娶最漂亮的姑娘，或者通过一些考试，或者得到别人的赞扬，而且你认为通过得到这些你想要的东西，你就会感到幸福。但那是幸福吗？它难道不会马上消失，就像早上盛开而在傍晚就枯萎了的花一样？然而，这就是我们的生活，这就是我们想要的一切。我们满足于如此表面性的东西：满足于有一辆汽车或有一个稳定的地位，满足于对某些无益的事情

智慧在成长

有一点点感情，就像一个在大风中快乐地放着风筝，而几分钟以后就哭了的小男孩一样。那就是我们的生活，我们所满足的生活。我们从来不说："我将用我的内心、我的活力、我的整个生命去弄清楚幸福是什么。"我们不是很严肃的，我们没有非常强烈地感到这一点，因此，我们满足于做微不足道的事情。

幸福不请自来。然而当你意识到幸福的时候，你就不再是幸福的了。我不知道你是否注意到这一点？当没有什么特别的事使你高兴时，恰好有微笑，有成为幸福的自由。但是，当你意识到幸福时，你也就丧失了幸福，不是吗？意识到幸福或追求幸福正好就是幸福的结束。只有当自我以及自我的要求被搁置到一边时，才会有幸福。

你学了数学，你把你的时光花在学习历史、地理、数学、物理、生物上了。但是，你和你的老师是否花了点时间去思考那些非常严肃的事情呢？你曾平静地坐着，挺直你的背，一动也不动，从而知道安静的美吗？你曾让你的精神不徘徊在渺小的事情上，而广阔地、宽泛地、深入地对待一切事情并因此而探索和发现吗？

你知道世界上正在发生什么吗？世界上正在发生的事就是发生在我们每一个人身上的事的投影。我们是什么，世界就是什么。我们大多数人处于骚动状态，我们渴望获得、占有，我们是妒忌的并谴责别人。而这确实就是世界上正在发生的事情，只不过更为鲜明、更为冷酷。但是，你和你的教师并没有花一点时间去思考所有这些，而只有当你每天花些时间热切地思考这些事情时，才会有产生一种整体性的革命和创造新世界的可能性。我向你保证：新的世界一定会被创造出来，它不再是同样腐朽而只是形式不同的社会。但是，如果你的精神是不警惕的、不审视的、不广阔的，那么，你就不可能创造出新的世界。这就是为什么它是如此重要的原因，在你年轻时，要花点时间反思一下这些非常严肃的事情，而不要只是把你的时光耗费在那些除了有份工作和死亡外，并不能将你引导到任何地方的课程学习上。

宁可信其无

〔美国〕卡尔·萨根

> 充满好奇,宽容地对待每一个见解,除非有好的理由,否则不拒绝任何想法。

强科学要求最强有力和最不妥协的怀疑主义,因为大多数的想法完全是错的,唯一能将麦子从麦壳中筛出来的方法是批判性的实验和分析。如果你的头脑开放到了盲从的程度而没有一点怀疑的想法,那么你就不能区分有前途的想法和毫无价值的想法。不加批判地接受别人提出的每一个概念、想法和假设等于是一无所知。许多想法是彼此冲突的,只有通过怀疑性的调查才能辨别,而某些想法确实好于别的想法。

这两种思维方式的明智混合是科学成功的关键。好的科学家是两种思维方式都具备的。在独处时,在自言自语时,他们产生了许多新想法并系统地加以批判。其中大多数想法永远不会向外面的世界公布。只有那些通过了严格自我过滤的想法才被公开出来接受科学界其他人士的批判。

由于将这种固执的批评和自我批评以及实验,作为各种假设之间争论的仲裁手段,许多科学家在大胆的设想即将来临时仍然缺乏自信,不愿讲述对奇迹的亲身感受。这很遗憾,因为恰恰是这个少有的狂喜时刻使科学工作揭开了神秘的面纱而显得更人性化。

没有人可以完全头脑开放或怀疑一切,我们必须在某处确立一个界限。一条中国古代谚语建议: "宁可信其有,不可信其无",但是这来自于一个极度保守的社会,在那里稳定比自由更受重视,而且统治者拥有巨大的既得利益而不想受到挑战。我相信,大多数科学家会说, "宁可信其无,不可信其有"。但是做到哪一点都不容易。负责的、全面的、严格的怀疑主义要求一种需通过实践和训练才能掌握的坚固的思维习惯。轻信——我想这里有一个更好的词是"开

智慧在成长

119

放"或好奇——同样不容易做到。如果我们真的对物理学的、社会学的或任何别的什么组织的反直觉的想法开放我们的头脑，我们就必须领会那些想法，因为接受我们不理解的主张毫无意义。

怀疑主义和好奇都需要磨炼和实践的技巧。在学生们的头脑中使它们和谐联姻应该成为公共教育的基本目标。我将很乐意在媒体，特别是在电视上看到这样一种家庭式的幸福：人们真的在创造融合——充满好奇，宽容地对待每一个见解，除非有好的理由，否则不拒绝任何想法。而同时，作为第二个特性，要求证据符合严格的标准——而且这些标准在应用于他们珍视的观点时的严格程度至少应与评判他们企图不受惩罚地拒绝观点时的程度相当。

独断在怀疑之中

〔日本〕三木清

真正的怀疑不属于青春,而表示人的精神已经成熟。青春的怀疑不断地伴随着感伤,并变成感伤。

真正的怀疑家追求逻辑。但是独断家根本不进行推理，或只是进行形式上的推理。独断家常是失败主义者，理性的失败主义者。他决不像外表显露的那样强大，他很弱，以至对别人对自己都感到有必要显示自己的强大。

人可以从失败主义发展为独断家，也可以从绝望变成独断家。绝望和怀疑不同，伴随着理性时，绝望才能够变成怀疑。但这不如想象的那么容易。

、要纯粹地停留在怀疑上是困难的。当人开始怀疑时，情感就在等机会捕捉他。所以真正的怀疑不属于青春，而表示人的精神已经成熟。青春的怀疑不断地伴随着感伤，并变成感伤。

怀疑要有节度，有节度的怀疑才名副其实，因为怀疑是一种方法。这是笛卡儿确认的真理。笛卡儿的怀疑并不是显露在外的极端之物，而总是小心翼翼

并保持节度，这点上他是人道主义者。他在《方法谈》等三部著作中将道德论称作是暂定的或者是一时敷衍之物是极有这一特征的。

　　方法的熟练在教养中是最重要的。我不知道还有什么比怀疑的节度更能反映一个人的教养的决定性标志。但是世上却有许多已经失去怀疑能力的有教养的人，或者一旦具有怀疑精神后就不再从任何方法上进行思索的有教养的人。这都表示了那些浅薄的涉猎者所走向的教养的颓废。

　　只有理解了怀疑是一种方法的人，才能理解独断也是一种方法。如果有人未理解前者就主张后者，那么他还不理解什么叫做方法。

　　让怀疑停留在一处是错误的。打破精神惯性的是怀疑。精神成为惯性，意味着精神中流入了自然。能够破除精神惯性的怀疑已经显示出理性对自然的胜利。不确实是根源，而确实是目的。一切确实的事物都是创造的产物，是结果。作为开端的原理是不确实的。怀疑是通向根源的手段，独断是通向目的的手段。我们常依此下结论说，理论家是怀疑性的而实践家是独断性的；动机论者是怀疑性的而结果论者是独断性的。但是，我们应当理解独断和怀疑都必须是一种方法。

　　就像肯定在否定之中，就像物质在精神之中，独断在怀疑之中。

观察和思考

〔日本〕池田大作

　　人类有一种习性，喜欢在现成的框架中生活，而且这个习性顽强地扎根在人的心灵深处。

　　人们常说转换观点，进而不断地转换观点，或者说不断地发现新的着眼点，这正是人类进步的起点。即使在科学领域，也会发生重大的观点转换，如近代

智慧在成长

由天动说变为地动说，到 20 世纪又产生了爱因斯坦的相对论。人类有一种习性，喜欢在现成的框架中生活，而且这个习性顽强地扎根在人的心灵深处，一旦你想跳出框架，它就会使出惊人的力量拖住你。在这一点上，可以说无论是个人还是社会的机构，都是同样的。迄今为止，日本这个社会总是从日本的立场观察世界。从个人来说，当然要以自己为中心去观察别人，但是，假借他人的眼睛来观察自己也是非常重要的。这和天文学的观点转换有相通之处，以地球为中心就形成天动说，以太阳这一外在天体为中心，就重新认识了地球。不要再以日本为中心观察世界，而要借助世界性的客观目光重新审视日本。我认为，现在比任何时候都需要这种观点的转换。

提到平等，人们就会想到物质、金钱及社会地位的平等，或想到个人自身的平等，在此，有一个必须改变观念的问题，那就是更深刻地说，平等就是要把所有人都作为尊严的客观存在来尊重。以这个关于人类尊严的平等观念作为绝对的前提，就能理解，所有人应享有能发挥自己特长的条件及权利的平等，而且必须享有和各自特长、能力、功绩相适合的报酬方面的物质平等。与此相反，如果一味强制推行报酬方面的平等，那么，相对人与人的差别来说，反而变成了不平等，进而导致漠视人的尊严的恶果。另一方面，在设置和个人差别相适合的报酬差别之时，也必须注意，不要践踏人的尊严。

人类的执著心是相当顽固的。人一旦认准某种价值观，就会被它束缚，看起来人在进行自由的思考，实际上往往是在作茧自缚。不抛弃这个执著心，新的创造就无法产生。理性万能、科学万能也是执著心的表现之一。不只我一个人认识到：过去，也许这个观念还能将就，现在，这一过时的信念正在发生彻底的动摇，整合头脑的时机已经到来。可以认为，进步就是从固定变为动摇，并带来新的思考，随后产生新创造的过程。

天　才

〔法国〕狄德罗

　　它冷静自持,在接受一种知觉时,一定和另一种知觉作比较,寻找各种事物的共同点和不同点。

　　趣味的法则和规矩可能会成为天才的桎梏。为了飞向崇高、激动、伟大的境界,它被予以粉碎。天才的趣味就是:对作为自然的特征的永恒之美的喜爱,使他的创造符合于他创造的范例,根据这种范例,他才形成对美的观念和情感。表现使自己激情的需要不断受到文法和惯例的困扰:他用的成语往往表现不出用另一个成语就会清晰的、崇高的形象。荷马用一种方言不能找到他的天才所必需的表现;弥尔顿时时破坏他的语法,在三四种不同的成语中,寻找强有力的表现。总之,力、丰盈、我无以名之的粗糙、紊乱、崇高、激动正是天才的特征。它的感动不是软弱无力的,它取悦于人时一定令人震惊,它的过失也令人震惊。

　　研究哲学,也许永远需要一种审慎的注意力、一种谨小慎微的态度、一种思考的习惯。它们和炽热的想象不相容,和天才所赋予的信心更不相容,但是在哲学里,如同在艺术里一样,天才的步伐清晰可见。在那里,他经常散布光辉的错误,有时候又取得巨大的成功。在哲学里,人们必须热心寻求真理,而又能耐心等待。人们必须善于掌握自己观念的层次和连贯性,顺着脉络求得结论,或者打断脉络加以怀疑。必须探索、讨论、缓步行进。在激情的纷乱中,在想象的炽热中,人是缺乏这些品质的。这些品质共同占有广阔的精神,它冷静自持,接受一种知觉,并一定和另一种知觉作比较,寻找各种事物的共同点和不同点。为了使距离遥远的观念接近,使它们一步一步跋涉中间遥远的距离。为了领会某些邻近观念的奇特的、细致的、捉摸不定的联系,或者对立和对比

智慧在成长

的情形，善于从同类或不同类的大量事物中发现一个特殊的事物，用显微镜观察觉察不到的东西，而且只在长久观察之后，才认为自己仔细看过。也正是这些人，经过一次又一次的观察，达到正确的结论，而非仅仅找到天然的类似：好奇心是他们的原动力，爱真理是他们的激情，发现真理的愿望是他们持久的意志。这种意志激励他们，而不使他们热血沸腾，引导他们前进，而这前进尽管应该由经验予以保证。

天才对一切感到惊奇，他一旦不沉思，不为热情所驾驭，他将不自觉地研习；他被迫用事物给他的印象，不断丰富他得来全不费力的知识；他向自然一眼望去，即深入它的核心。胚种在他未觉察的时候进入他的肺腑，他把它们收集起来，时机一到，它们就产生出十分惊人的效果，连他本人也相信自己是受到了启示。

人生的真理

〔俄国〕舍斯托夫

从自己灵魂中将一切"规律东西"和一切"观念东西"连根拔掉。

要看到真理，不仅要有敏锐的眼光、灵活性、警觉性等等，而且需要有舍得一身剐的胆量和能力。这绝非一般意义上的胆量和能力。让人同意在啼饥号寒中生活，经受凌辱、咒骂、烤成法拉里斯公牛，这不够，还需要唱赞美诗者的预言：在我里面熔化、粉碎和打坏自己灵魂的骨架，即被视为我们人的基础的东西、我们习惯上看作永恒真理观念的全部规定性和明确性。感到我们里面的一切都被倒出来。永恒规律中的形式也不是事先就有，需要人们每时每刻去创造它们。

几千年来，人类思想不知疲倦地在研究，在规定和确定永恒的、永远和自己相等而又不变的东西。苏格拉底向手工匠人，向有技术的人学习这种艺术。

铁匠、木匠、厨师、医生，他们知道做什么，他们有"善"的概念，他们有规定自己任务的现成的、切实的动因。我们也可以知道他们的"善"是什么，因为善时时处处是同一个。但是，苏格拉底需要的是神的"善"，这和铁匠、木匠、医生的善根本不同，只是名词相同。神不懂"技术"，也不需要技术。神不寻求稳定性、永久性和规律性。神有的是桌子和马掌的概念，但没有善的概念。铁匠和木匠要做自己的事，仅仅限于自己的事。他们的工具——斧子、锤子、锯等等——为哲学家所不需，也不适用，同样，他们的思想和方法，对于响应为科学献身号召的人，也毫无帮助。苏格拉底把"规格"和"一般概念"这样一些观念，从日常生活实践搬到科学中来，因而给科学带来不少东西，但是他指责形而上学是缓慢的和必然的死亡。"纯粹理性批判"出现在苏格拉底决定从木匠那里寻求"善"的时候。形而上学变成了手工。

现在，我们的任务也许尚未完成——从自己灵魂中将一切"规律东西"和一切"观念东西"连根拔掉。以唱赞美诗的人为榜样，粉碎旧我赖以存在的骨架，熔化在"我里面"。规律和稳定性只是地球上才有，为的是暂时生存。"观念东西"是不是产生原因或最终原因，也只有在地球上才存在。在世俗生存以外，人势必要为自己创造目的和原因。为了学会这一点，人必须体验圣经第二十二诗篇开头所讲的可怕的情感："上帝啊，上帝，你为什么要离弃我！"上帝是不存在的，人要自己管理自己，也只有自己管理自己。

自我感觉

〔比利时〕乔治·布莱

一种常有的经验告诉我，自我感觉是世界上最具个性的东西。

最大的错误是以为可以将所有的觉醒都归结为一种唯一的我思。恰恰相反，一种常有的经验告诉我，自我感觉是世界上最具个性的东西。就以笛卡儿的我思为例，在感觉的沉默中，在外部世界的消失中，我思是在最清醒的思想行为这种形式中完成的。我思想。我的思想处于它所能达到的最高处。它是一种纯粹的事实。这种事实直接地、唯一地关系着思考的人，用它的光明包裹着思想和存在的自发联系。这是笛卡儿所经验的我思。这种经验处于最短暂的时刻中和最高的层面上，即：不作任何其他的考虑，思想行为与对生活的意识在同一种精神上汇合。这种典型的我思不仅仅见于《方法谈》和《形而上学的沉思》之中，而且也见于笛卡儿的著作和生平的每时每刻。然而它又远非唯一可能有的我思。还有许多其他的我思，表明自我意识可以如何因人而异。

从笛卡儿的清晰而明确的思想到卢梭对存在所体验的模糊感情，这中间有很大的距离。让·瓦尔写道："法国哲学的多样性建立在笛卡儿的思想之上，而笛卡儿的思想建立在一种与思想无关的状态之上。笛卡儿说，我思故我在。然而在卢梭为我们描述的那些状态中，我在，因为我几乎不思，或者可以说，因为我不思。"

于是，自我感觉就从对于自我的理智占有中被区别出来，它可以无限小于或大于我们对人的理解。根据巴什拉尔的说法，相对于无限大的我思，有一个无限小的我思。后者接近于梦，接近于精神深陷其中的下意识状态。

在我思的这两种极端类型中间，还有许多其他的类型。将它们区别开来，分离出来，承认它们的特殊性，辨认每一个人说"我思考着我自己"时的特殊口吻，我觉得这就是根本的任务，批评的探究总是能够取得成绩。这任务不轻松，但不是不可能，因为这些意识行为并非独此一家。如同普鲁斯特的情感回忆一样，它们在同一种存在的进行过程中或多或少是经常重复的。日、夜、醒、眠的秩序使生活成为一股时断时续的脉络，其中每一个重获清醒的时刻对于醒来的睡眠者都是一个重获自我意识的机会。

想象的预兆

〔荷兰〕斯宾诺沙

所有由生理原因引起的想象结果永远也不能成为未来事件的预兆，因为它们的原因并不包含有未来的事件。

我们想象的结果或者是由身体组织或者是由心灵组织产生的。为了避免过于冗长，我暂且仅由经验来证明这一点。我们看到，狂热病和其他生理的障碍是神经错乱的原因，那些具有多血质性格的人只能想象争斗、愤怒、格杀诸如此类的东西。同时我们也看到，想象在很大程度上也为心灵的组织所决定，因为经验告诉我们，在一切事情上面，想象是跟随着理智的踪迹，用一定的秩序将它的形象和语言联结起来，并使它们彼此相互结合，这一点正如知性所证明了的。

更进一步说，几乎不存在这样的东西，我们能够理解它，但想象却不能直接从它构造一个形象。既然是这样，所以我认为，所有由生理原因引起的想象结果永远也不能成为未来事件的预兆，因为它们的原因并不包含有未来的事件。反之，那些在心灵组织里有其原因的想象结果或者想象形象却很可能成为某个未来事件的预兆，因为心灵能够模糊地预感到某个未来的事件，所以我们就能够确定地和生动地想象它们，仿佛真实存在于眼前的事物一样。

父亲爱他的儿子是如此之深，以至他和他的儿子好像是同一个人。既然他的思想里必然存在着儿子本质状态的观念，以及伴随着观念而来的东西，既然这位父亲由于同他的儿子结合在一起，所以他有一部分就是他的儿子，那么，父亲的心灵中必然就有了儿子的观念本质及状态，以及由此而来的东西。而且，因为父亲的心灵在观念上有了由儿子的本质而来的东西，那么他就能够生动地想象由儿子本质而引起的事件，犹如它们是眼前的事物一样。

智慧在成长

127

当然这需要具备下列条件：第一，在儿子生活过程中所发生的事件是有意义的；第二，这个事件是我们所易于想象的；第三，事件所出现的时间不要过于遥远；第四，身体的组织不仅健康强壮，而且也是自由的，摆脱了一切从外界而来的，扰乱感官的忧虑和烦恼。并且还有一点也是重要的，即当我们去思考这些事物时，能唤起同它们相类似的一些观念，例如，如果在我们同这个人或那个人交谈时，听到了一种呜咽，那么当我们再想起了这个人时，我们的耳朵曾经感觉到的呜咽会再度出现在我们的记忆里，仿佛当初我们同他交谈时一样。

精神本质

〔法国〕史怀泽

我们不应再将自己的精神本质同他人的精神本质混在一起。

关于构成我们内心体验的那些东西，对于我们最信赖的人，我们也只能告诉他们一些片断。至于整体，我们没有能力给予，即使他们能够把握。我们共同漫步于昏暗之中，在那里没有人能仔细辨认出他人的面貌。只是偶尔地通过我们与同行者的共同经历，或者通过我们之间的交谈，在一瞬间，他在我们身旁就像被闪电照亮了一样，那时，我们看见他的样子。以后，我们也许又长时间地并肩在黑暗中行走，并徒劳地想象他的特征。

我们应该顺应这一事实，我们每个人对其他人来说都是个秘密。结识并不是说相互知道一切，而是相互爱和信赖，这个人相信另一个人。一个人不应探究其他人的本质。分析别人，即使是为帮助精神错乱的人恢复正常，也不是一个好办法。那不仅存在着肉体上的羞耻，而且还存在着精神上的羞耻，我们应该尊重它。心灵也有外衣，我们不应脱掉它。我们任何人都无权对别人说：由于我们属于一个整体，因此我有权了解你的一切思想。甚至亲如母亲也不可以

这样对待她的孩子。所有这一切要求都是愚蠢而不幸的。人应做的只是唤起给予的给予。尽你所能地将你的部分精神本质给予你的同行者，并将他们回复给你的东西作为珍宝接受下来。

从我的青年时代起，我就认为敬畏别人的精神本质是不言而喻的，这也许与我得自遗传的内向性格有关。后来，我越来越坚持这种看法。因为我看到，当人们要求像看一本属于自己的书一样看别人的心灵，当人们在应相信别人的时候却要了解和理解别人，就会产生痛苦和异化。对于我们所爱的人，我们必须防止责备他们缺少对我们的信任，即使他们不是每时每刻让我们看到他们的心扉。我们越是熟悉，相互之间就越是变得充满神秘。只有敬畏其他人精神本质的人，才会真正对他人有所帮助。

从而我认为，任何人都不应迫使自己过多地泄露内心生活。我们不应将自己的精神本质同他人的精神本质混在一起。唯一的关键在于：我们努力追求心中的光明。这个人感受到别人的这种努力。人心中的光明在哪里，就会在哪里放射出来，然后我们相互了解，在黑暗中并肩漫步，但不需要注视别人的脸和探视他的心灵。

沉　思

〔德国〕卡尔·雅斯贝尔斯

我们赋予它的秩序不能变成一种规则，它作为潜能保留于自由的运动中。

哲学的沉思不像宗教的沉思，它没有神圣的对象，没有圣地，也没有固定的形式。我们赋予它的秩序，不能变成一种规则，它作为潜能保留于自由的运动中。这种沉思不像宗教礼拜，它要求孤独。

这种沉思可能的内容是什么？

首先，"自我反省"。我回想自己在一天中已经做了什么，思考了什么，以

智慧在成长

及感觉到什么。我质问自己在哪些方面做错了，在哪些方面不诚实，在哪里逃避责任，以及在哪些方面不诚恳。我也试图辨别我所表现出来的好的品质，并努力使它们发扬光大。我反省那些支配我的行为——这些行为是我在一天的过程中产生的意识程度。我判断我自己——只是关于我的特定行为，而不是针对整个的我，因为后者是我看不见的——在那些我卷入并依之判断自己的事情中，我发现了种种一致的原则。或许，我要把在愤怒、绝望、厌倦和其他丧失自我的状态中引以为自我告诫的话语记在心间，把它们当作像咒符那样的东西，以提醒自己（如："保持适度"、"想着他人"、"要忍耐"等等）。我向那种自毕达哥拉斯学派开始，经过斯多葛派和各基督教派而延续至克尔凯郭尔和尼米的传统学习（包括自我反省的训谕）。但我认识到：这样的反省决不是决定性的，它极易发生错误。

其次，"超越反省"。我借哲学方法的指引获得了对真实存在与神性的认识。我在文学和艺术的帮助下阅读了关于存在的种种符号。我经过哲学的细察而达到对上述一切的理解。我试图探知：哪些是独立于时间的，哪些是在时间中永恒的。试图触及自由的根源，并由此而触及存在本身。我追寻着——就像去参与创造。

第三，我反省"当下所应当做的"。当我在思考的不可避免的紧张中丧失了对"统摄"意义的认识时，对我与他人共同生活的回忆，就是借以明了我的当下任务乃至当日各种琐事的背景。

我在对世界的反省中为自己所获得的东西——如果有的话——将是虚无。凡是没有在交流中得以实现的，尚不存在；凡最终无法在交流中立足的，还没有适当的基础。真理开始于这两方面。

因此，哲学要求：寻觅连续不断的交流，无保留地甘冒危险，抛弃那以新的伪装出现而强加于你的大胆的自我主张，生活于这样的希望中——即自我的抛弃中，你将以某种无法预料的方式回到自身。

人的认识

〔法国〕帕斯卡尔

我要引人竭力寻找真理并准备摆脱情感而追随真理。

人的伟大之所以为伟大，就在于他认识到自己可悲。一棵树并不认为自己可悲。

因此，认识自己可悲是可悲的，然而认识我们之所以可悲，却是伟大的。

这一切的可悲本身就证明了人的伟大。那是一位伟大君主的可悲，是一个失了王位的国王的可悲。

我们没有感觉就不会可悲。一栋破房子就不会可悲。只有人才会可悲。

人的伟大——我们对于人的灵魂具有一种这样伟大的观念，以致我们不能忍受它受人蔑视，或不受别的灵魂尊敬。而人的全部幸福就在于这种尊敬。

人的伟大——人的伟大是那样显而易见，甚至于从他的可悲里也可以得出这一点来。因为在动物是天性的东西，于人类却称之为可悲，由此我们可以认识到：人的天性现在既然类似于动物的天性，那么他就是从一种为他自己一度拥有的更美好的天性里堕落下来的。

对立性。在已经证明了人的卑贱和伟大之后——现在就让人尊重自己的价值吧！让他热爱自己吧！因为在他身上有一种美好的天性。可是让他不要因此也爱自己身上的卑贱吧。让他鄙视自己吧！因为这种能力是空虚的。可是让他不要因此也鄙视这种天赋的能力。让他恨自己吧，让他爱自己吧！他的身上有着认识真理和可以幸福的能力。然而他却根本没有获得真理，无论是永恒的真理，还是满意的真理。

智慧在成长

因此，我要引人竭力寻找真理并准备摆脱情感而追随真理（只要他能发现真理），既然他知道自己的知识是彻底地为感情所蒙蔽，我要让他恨自身的欲念，——欲念本身就限定了他。——以便欲念不至于使他盲目做出自己的选择，并且在他做出选择之后不至于妨碍他。

渴　求

〔美国〕亨利·梭罗

请问现在何在？我们是何等年轻的哲学家和实验家啊！

不必给我爱，不必给我金钱，不必给我名誉，给我真理吧！我坐在一张堆满了山珍海味的餐桌前，受到奉承的招待，可是那里没有真理和诚意。宴罢之后，从这冷淡的桌上归来，我饥饿难当。这种招待冷得像冰。我想不必再用冰来冰冻它们了，他们告诉我酒的年代和美名，可是我想到了一种更古，却又更新、更纯粹、更光荣的饮料，但他们没有，要买也买不到。式样、建筑、庭园和"娱乐"，在我看来，有等于无。我去访问一位国王，他吩咐我在客厅里等他，像一个好客的人。我邻居中有一位住在树洞里，他的行为才真有王者之风。我要是去访问他，结果一定会好得多。

我们还要有多久坐在走廊中，重复这些无聊的陈规陋习，弄得任何工作都荒诞不经，还要有多久呢？好像一个人，每天一早就要苦修，还雇了一个人来替他种土豆，到下午，抱着预先备好的善心出去表现基督教徒的温柔与爱！波士顿、伦敦、巴黎、罗马，想想它们的历史多么悠久，它们还在因它们的文学、艺术和科学多么进步而沾沾自喜。这里有的是哲学学会的记录，对于伟人公开的赞美文章！好一个亚当，在夸耀他自己的美德了。"是的，我们做了伟大的事业了，唱了神圣的歌了，它们是不朽的"，在我们能记得它们的时候，自然是不朽的。可是古代的有学问的团体和他们的伟人，请问现在何在？我们是何等

年轻的哲学家和实验家啊！我的读者之中，还没有一个人生活过整个人生，也许只是在人类春天的几个月里。即便我们患了7年才能治好的癣疥，我们也无法看见康科德受过的17年蝗灾。我们只了解我们所生活的地球上的一张薄膜。大多数人没有深入过水下6英尺，也没有跳高到6英尺以上。我们不知自己身在哪里。况且有差不多一半的时间，我们是沉睡的。可我们却自以为聪明，自以为在地球上建立了秩序。真的，我们倒是很深刻的思想家，而且我们是有志气的人！我站在林中，看这森林地上的松针之中，蠕蠕爬行着的一只昆虫，看到它企图避开我的视线，去藏起来，我就问我自己，为什么它有这样谦逊的思想，要藏起它的头避开我，而我，也许可以帮助它，可以给它这个族类若干可喜的消息，这时我禁不住想起我们更伟大的施恩者、大智慧者，他也在俯视着我们这些宛如虫豸的人。

与真理的关系

〔俄国〕列夫·托尔斯泰

　　人一生中与真理之间的关系，很像一个在黑夜赶路而前面有灯光照着的人。

　　在自己的行为中没有自由的人，当他以什么作为行为的原因时，即当他承认或者不承认真理时，始终感到自己是自由的。而他的自由感觉，不仅仅不依赖于外在的发生在他身外的事情，甚至不依赖于他自己的行为。

　　因此，一个人尽管在情欲的影响下做了与真理的意识相反的行为，但在承认或不承认这条真理上仍是自由的。就是说他可以不承认这条真理，而认为自己的行为是必需的，自己做了它是无可非议的；他也可以承认这条真理，认为自己的行为是不好的，自己做了这种行为应受到指责。

　　比如一个赌棍，或者一个酒鬼，无法抑制诱惑而深陷在欲海之中，但他们在判断赌博和嗜酒是一种恶还是一种无所谓的游戏的问题上仍然是自由的。当他选择了第一种判断时,即使他不能立刻脱离欲海,但他越是真诚地承认真理,就越能得到解脱;当他选择第二种判断时,他就会不断增强自己的欲望,从而消除了获得解脱的任何可能性。

这就像一个人经不起炎热,不去搭救自己的同伴而从失火的房子里逃掉时,他仍然可以自由地(承认人冒着危险而服务于他人的生命是真理)认为自己的行为是不好的,然后为此责备自己;或者(不承认这个真理)认为自己的行为是自然的、必要的,并认为自己的行为是无可非议的。处于第一种状况的人,在他承认真理的时候,尽管自己没有遵守它,但他还是准备去做一系列从这个认识中必然产生的自我牺牲的行为。处于第二种状况的人,却是要准备去做一系列与第一种人相反的自私自利行为。

但是,人们对任何真理承认与否并不都是自由的。也有这样的真理,在很久以前它就被人承认了,或者通过教育、传说使人接受并信仰它。遵行这些真理,对人来说已经成为人的第二天性。也有这样的真理,人们对它的感觉不甚清楚,觉得遥远。人既不能自由地否定第一种真理,也不能自由地肯定后一种真理。然而还存在着第三种真理,对人来说,它们还没有成为活动的下意识动机,然而却也清楚地展示在人的面前,以至于人不能绕开它,不可避免地要这样或那样地对待它,承认它或者不承认它。只有在对待这种真理时,人才有自由。

人一生中与真理之间的关系,很像一个在黑夜赶路而前面有灯光照着的人,他无法看见那些没被灯光照亮的地方,没有看见,也没有能力改变自己与灯光和与黑暗的关系。但是他无论站在道路的哪一点,都能看见那被灯光照亮的地方。他永远有权选择这条道路之上的这一边还是那一边。

理 解 力

〔英国〕劳伦斯

在理解中我什么也不怕。

自在我们的内部，衰败之流缓缓地流向衰落之河。这是一个方向。在我们的血管里，生命之流也在流淌，流向创造的河口。这是另一个方向。我们同时流向两个方向，我们是流向黑暗的地狱之河和流向闪光的天堂之河的分水岭。

如果我们感到羞愧，那就让我们接受那使我们羞愧的事物，理解它并与它合二为一，而不是用面纱掩盖它。如果我们从一些我们自己的令人作呕的排泄物前退缩，而不是跃起并超越我们自己，那么，我们就会堕入腐败和堕落的地狱。让我们再站起来，这次不再是腐烂发臭，而是完成和自由。如果有一个令人讨厌的思想或建议，不要由于不恰当的正义感而马上否定它，让我们诚挚地承认它，接受它，对它负责。将魔鬼驱逐出去并不是好事。它们属于我们，我们必须接受它们并与它们和平共处。因为它们是属于我们的。我们是天使，同时也是恶魔。在我们身上，天使与恶魔共存。不仅如此，我们是一个整体，富有理性的整体。而一个完整的、没被贬谪的人，完全可以超越天使和魔鬼。

自由的条件在于：在理解中我什么也不怕。我的躯体怕痛，我在恋爱中怕恨，在死亡中怕生。但在理解中，我既不怕爱也不怕恨，不怕死，不怕痛，不怕憎恶。我勇敢地面对甚至反对憎恨。我甚至理解憎恨并与它和平共处。不是通过排斥，而是通过合作与一致。排斥是没有希望的，因为无论我们将我们的魔鬼投入到什么样的监狱，它都将最终进入我们的内心，我们将沦入我们自己憎恨的污水池。

如果我们的灵魂中有一种秘密的、害羞的欲望，千万不要用棍子将它从意识中驱逐出去。如果这样，它将躲得远远的，躺在所谓下意识的沼泽里，我不

智慧在成长

能用我的棍子追逐它。让我将它带到光亮里瞧一瞧，看看它到底是什么东西。因为恶魔也是上帝的造物，它也有它存在的理由，在它的存在中，也拥有真和美。甚至我的恐惧也是对它对真的一个赞颂。我必须承认，我的恐惧是名副其实的，我应该接受它，而不是将它从我的理解中排斥出去。

在这世上没有什么可羞愧的东西，地底下也没有，只有我们悬挂在那儿的怯懦的遮羞面纱。拉下面纱，并遵从每个人自我负责的灵魂去理解一切，理解每个人。那么我们才是自由的。

谁使我们成为事物的判官？谁说睡莲可以在静静的池塘中轻轻摇晃，而蛇却不能在泥泞的沼泽边咝咝作响？我必须在那可怕的大蛇面前卑躬屈膝，并当它从我灵魂的神秘草丛中抬起他那低垂的头时，把他应得的权益交还给他。

相对的真理

〔英国〕考德威尔

在任何时期，真理都是所有人头脑中对现实的片面反映形成的特殊复合体。

真理就是人与自然作斗争的条理化产物。由于这种斗争积聚了资本（技术和知识）并日愈复杂，因此作为现实反映的真理在人的头脑中也日愈丰富。在任何时间，在任何人的头脑中只能有局部的真理。在个人的头脑中，对现实的感知是歪曲的、片面的和有限的，但所有人的头脑中的感知总和就具有真理的力量、科学的力量，因为它是用社会条件梳理组织的，而后者本身又是经济生产的必然性产物。这样，在任何时期，真理都是所有人头脑中对现实的片面反映所形成的特殊复合体——不是凑在一起了事，而是在既定社会中，根据该社会的实验技术水平、科学文化、交流和讨论手段以及实验设施等等而加以条理化并组织起来。

对每个人而言，"真理"采取了感知和记忆的形式，感知即人以感官把握现实，记忆即在当前活跃着的以前的旧感知，它影响着目前的感知。人的意识内容通过联想组合并成为真理之后，这种意识就获得了巨大的力量，带着日益增加的穿透力再次反馈到个人，个人的记忆和感知从而也日益为其社会存在所制约。从这一意义上说，个人的意识是社会产物。

真理是个人关于现象之间联系的经验，通过与千百万人的同类经验认同而组成。它之所以能被组成，是因为这些感知世界是同一个物质宇宙展示的现象，而不是许许多多个人主观世界的现象。而所有的个人都是该物质宇宙的组成部分。没有这一共同的因素，就没有诸多个人世界间的一致性，因而也没有客观真理。科学是一种客观真理，它致力于揭示物质的联系或现象的"因果关系"。

世上没有绝对真理，在一定时期内社会对真理的追求有一个限度。绝对真理的这一限度就是宇宙本身，即在人与自然完全交汇之时……但是甚至这种理论上的限度也是假定有一个静止的世界和一种外在于这个世界的真理。然而真理毕竟是世界的一部分。真理是从人与其他现实存在的斗争中产生的，因此，在这种斗争的每一阶段都产生新的现实，世界变得更加复杂，现实本身也更加丰富。正由于现实日趋复杂，"绝对真理"的目标被不断地推向更远的阶段。社会不能达到绝对真理，恰如一个人不能高于自己并俯视自己——不过，也恰如一个人不断长高，视野随之渐渐扩大，社会的无穷无尽的发展也拓展着真理。

大　智　慧

〔印度〕克利希那穆尔提

通过条件你不可能有任何自由，不论是在开始还是在结束——而且自由总是处在开始而不是处在结束。

你怎样才能达到思想的终点呢？或者更确切地讲，那种分离的、破碎的和

智慧在成长

不公正的思想怎样才能结束呢？对此你能怎样做呢？你所谓的戒律将消除它吗？请检查一下这个戒律的过程。那完全是一个思想的过程，在它那里存在着屈从、束缚、控制。支配所有这些的动人的无意识在你以后的成长中都将显现出它自己。如果试着长时间不抱任何目的，那么你一定能发现戒律显然不是消除自我的过程。自我是不可能通过戒律被消除的，因为戒律是一个巩固自我的过程，而且，你的全部信仰将支持它。你的全部沉思、主张都建立在这个基础之上。知识将消除自我吗？信念将消除自我吗？换言之，我们现在所做的一切，现在为了打击自我的根基而被迫所做的一切活动会成功吗？所有这一切在一个分离的、反应的思想过程中，难道不是一种根本的消耗吗？当你根本地或者深刻地意识到思想不能够终结它自身时，你会做些什么呢？会发生什么呢？观察你自己。当你完全认识到这一真相时，会发生什么呢？你认识到任何反应都是有条件的以及别的什么，而通过条件你不可能有任何自由，不论是在开始还是在结束——而且自由总是处在开始而不是处在结束。

　　当你意识到任何反应都是条件作用的一种形式，而且因此不断地以不同的方式给予自我时，事实上发生着什么呢？在这个问题上你必须非常清楚。信念、知识、戒律、经验、获得一种结果或达到一种目的、野心的整个过程，在目前的生活中或未来的生活中成为某种东西——所有这些都是一个分离的过程，一个引起冲突、苦难、战乱的过程，从那里你得不到任何一种通过共同的努力能达到的解脱，相反，使你感受到的是集中营以及它遗存下来的一切恐惧。你能认识到这一事实吗？当精神讲"是这样"，"那是我的问题"，"那的确是我处的位置"，"我明白知识与戒律能做什么，野心能做什么"时，这种精神状态是什么呢？的确，如果你明白所有这一切，那么你在工作中就已经有了一个不同的过程。

　　我们看见才智拥有许多方法，却看不见爱的方法。爱的方法不是通过才智被发现的。才智以及它的所有衍生物，它的所有愿望、野心、追求，必须为了爱的出现而结束。当你爱，当你合作时，你是不考虑自己的，难道你不知道吗？当你不是作为一个高高在上的人，或者你不处在一个好的地位上去爱时——那种相反的爱是除了害怕就什么都不是的东西，那就是智力的最高级形式。

至　美

〔英国〕罗　素

　　它所寻求的结合是无限的,它想知道一切,爱一切,为一切服务。

　　结合有三种:思想之结合、情感之结合、意志之结合。思想之结合是知识,情感之结合是爱,意志之结合是服务。分裂也有三种:错误、憎恨、斗争。促进分裂的是本能,也就是人的兽性部分;促进结合的是知识、爱和相继而来的服务,那种组合就是智慧,是人的至美。

　　本能生活将世界看作是达到本能目的的手段,因此它认为世界不如自己重要。它使知识限于有用的东西;使爱限于敌对本能的冲突中的盟友;使服务限于对那些本能上与己有关的人。它所居住的世界是一个狭小的世界,被陌生的或敌对的力量所包围,它被囚禁于一个被围困的堡垒里,它知道最后的降服是不可避免的。

　　智慧生活所寻求的是无私的目的,其中没有竞争,没有仇恨。它所寻求的结合是无限的,它想知道一切,爱一切,为一切服务。它到处为家,没有墙垣能阻止它的前进。在知识方面,它不分有用与无用;在爱方面,它不分敌友;在服务方面,它不分应得的和不应得的。

　　人的兽性部分,由于知道个人生命的短暂与无能,就害怕死亡,而且由于不愿承认挣扎的徒然,就假定一种延长,在那种延长中,失败将转为成功。人的神性部分由于感觉到个人是无关紧要的,所以不重视死亡,而且觉得希望并非有赖于个人生命的延续。

　　人的兽性部分充满了自己的欲望的重要性,因此觉得宇宙觉察不到那种重要性是令自己不可忍受的。外界对它的希望或恐惧之淡漠令人痛苦到不可思议的地步,因此它认为那种淡漠是无可容忍的。人的神性部分不要求外界遵照一

智慧在成长

个范本，它接受世界而且在智慧中获得一种无求于世界的结合。它的精力不被那好像是敌对的东西所阻挠，而是深入它，与它合而为一。那是我们的理想力量，而不是虚弱，使我们害怕承认理想是我们的而非世界的。我们和我们的理想必须独立，而且要征服世界的淡漠。是本能，而不是智慧，使我们觉得征服世界的漠然是困难的而且因害怕征服外界所招致的孤独而战栗。智慧不会感到那种孤独，因为它甚至能和最异己的东西结合。要求我们的理想该在现实世界里实现是智慧必须逃避的最后囚室。每一种要求都是囚室，仅仅当它无所求的时候，智慧才是自由的。

第六辑

用生命表达一切

生命会给你所需要的东西,只要你不断地向它要,只要你在向它要的时候说得一清二楚。

——爱因斯坦

智慧在成长

童　年

〔德国〕叔本华

我们越是年轻,就越会发现特定事物中表现出的整体类型和家族。

我们在童年时,较常想入非非,欲望也有限,因而最不易被意志所撩动。这样,我们真实本性的绝大部分都被认知所占据。我们的智慧虽然还未成熟,但同要到7岁左右才定型的大脑一样,它的发育是相当早的。它在生存的整个世界中不倦地寻求滋补,而这个世界那时还年轻、新鲜,万物都散发出天真烂漫的气息,结果使我们的童年岁月宛如一首无尽延伸的诗。因为诗歌作为艺术之灵,它的根本性质,就在于在万物的个体性中领悟到柏拉图式的理念,领悟到整个人类的起因。因此,万物皆具理念之光,从一物可见出万物之巧。我们在童年的漫游中,没有任何清楚的目的,悄悄地关注着生活本身的根本性展露的事件和场景,观照着生活的基本形态和模式。我们像斯宾诺莎所说的那样,"以永恒的神圣视野"看物,看人。我们越是年轻,就越会发现特定事物中表现出的整体类型和家族。随着年龄的增长,这一点日趋衰微。这也说明为什么事物在我们年轻时令我们产生的印象,与我们老年时获得的印象有天壤之别。

我们世界观的根基深浅,都是童年时确定的。这种世界观在后来可能会更加精致和完善,但发生根本改变是不可能的。童年世界观的特性在于纯粹客观进而充满诗意,世界观的维系在于意志尚未被呼唤出它的全部能量。与其说小孩是意志的存在,毋宁说他是认知的存在。因此,在许多孩子的眼中,都可以看到严肃沉冥的神光,这一点,拉斐尔曾得心应手地运用于他的绘画,尤其是表现在《西斯廷圣母》这幅画中的小天使身上。正是由于这个原因,童年时光是如此的美妙,以致每当追忆起来时,人人眼中都伴有一种渴念之情。

智慧在成长

我们的价值，无论是道德方面，还是智慧方面，都不是完全由外部得来，而是出自我们深藏着的自我本性。教育学不可能让一个天生的笨伯变为一个思想家，决不能！他生为笨伯，他必有笨伯的一死。由此看来，对外部世界作直观感受式的深刻把握，可以解释为何我们童年的环境和经历会在我们的记忆中产生如此坚实的印象。所以，我们完全沉浸在周围的环境中，没有任何东西能使我们三心二意。我们把我们眼前的一切事物都看作是这类事物的唯一代表，甚至唯一存在的东西。

不 朽 感

〔英国〕赫兹里特

无论我们的印象可以追溯多远,我们发觉其他事物仍然要古老些。

生命从开始到结束的这种变化一旦发生，这看来就好像是一个寓言。变化尚未开始之前，不把它看作幻想还能当成什么呢？有些事情发生在很久以前，有些地点和人物我们从前见过，如今只留下模糊的痕迹，我们不知道，这些事发生时，生命处于昏睡还是清醒状态。这些事宛如人生中的梦境，记忆面前的一层薄雾、一缕清烟。我们试图更清楚地回忆时，它们却完全躲开我们的注意。所以，十分自然，我们要回顾的那段孤独的时间竟是非常漫长而无穷无尽的。另外一些事则非常清晰和鲜明，仿佛是昨天刚发生的——它们那样生动逼真，竟可以看作生命永存的保证。因此，无论我们的印象可以追溯多远，我们发觉其他事物仍然要古老些（青年时期，岁月是成倍增加的）。我们读过的那些环境描写，我们时代以前的那些人物，普里阿摩斯和特洛伊战争，即使在当地，已是老人的涅斯托尔仍高兴地念念不忘自己的青年时代，尽管他读到的那些英雄早已离开了人间——我们既然可以在心中想象出这么一长串相关的事物，仿佛它们可以起死回生，那么我们就不由自主地相信这段不确定的生存期限属于我

们自己，这事还有什么可奇怪的呢？彼得博罗大教堂有一座苏格兰女王玛丽的纪念碑，我小时常去观看，一边看，一边想象当时的各种事件和此后所发生的种种事情。如果说这许多感情和想象都可以集中出现在转瞬之间的话，那么人的整个一生还有什么不能被包容进去呢？

　　我们是过去时代的后裔，我们期待着未来——这就是回归自然。此外，在我们早年的印象里有一部分经过非常精细的加工后，看来准会被长期保存下去，它们的甜美和纯洁既不能被增加，也不能被夺走——春天最初的气息、浸满露水的风信子、黄昏星的微光、暴风雨后的彩虹——对这些只要能充分享受，那我们一定还年轻。这方面有什么能将我们改变呢？真理、友谊、爱情、书籍也能抵御时间的侵蚀。我们活着的时候只要有了这些就可以永不衰老。在我们热爱的事物上，我们充满着新的希望，这一来我们又会出神，失去知觉，永远不朽了。我们不明白内心里某些感情怎么竟会衰颓而变冷。所以，为了保持住它们青春时期最初的光辉和力量，生命的火焰就必须如往常一样燃烧，或者毋宁说，这些感情就是燃料，能够供应神圣灯火点燃"爱的璀璨之光"，让金色彩云环绕在我们头顶上！

生命的阴影

〔法国〕安德烈·莫洛亚

　　在生命阴影的另一头，思想进入一个光线柔和稳定的领域。

　　一天，司汤达在他的腰带上写道："我快50岁了。"然后，又仔细地将他热爱过的女人的名字一一列在单子上。虽然，他比世界上许多别的男人更成功地用珍贵的钻石首饰来打扮她们，可是，这些女人还是显得很平庸。20岁时，他曾为自己的爱情生活梦想过许多理想的奇遇。由于他对爱情的敏感和极重感情，他的这些想法是无可非议的。可是，他心中的偶像却一个也没有来到他的

智慧在成长

身边。他只有在他的小说里，在他自己创造的人物中，才见到了他梦想的女人。穿越生命的阴影时，司汤达为以前没有遇到，今后也不可能遇到的爱人哭泣。

"我刚过 50 岁。"我们的作家这样想。他做了些什么？表达了什么思想？在他看来，要说的话太多了，他刚刚想出自己该写的书。然而，他还能工作几年呢？心脏跳动已不再那么有力，晚上一看书，眼睛就难受。10 年？15 年？"艺术长久，生命短暂。"这句从前他认为正确而平淡的警言，忽然间充满了哲理。他能否像普鲁斯特那样，有闲暇去《追忆逝水年华》呢？

衰老是比苍苍白发和道道皱纹更可怕的一种感觉，它使人感觉一切都为时过晚，时光永远消逝，生命的舞台从此将属于下一代。衰老最大的悲哀不是身体的衰弱，而是心灵的冷漠。在穿过生命阴影的过程中，行动的愿望消失了。在经历了 50 年的磨难与失望之后，我们还能继续保持青年时代那种好奇心、那种求知欲、那种对新生事物所抱的宏伟的希望、那种毫无保留的爱、那种确信真、善、美自然统一的想法和对理性力量的信心吗？

在生命阴影的另一头，思想进入一个光线柔和稳定的领域。希望之光再不会使你眼花缭乱，你会客观地看待人间的事情。当你爱过一个漂亮女人之后，你怎么还会相信虚荣的女人们具有良好的品德？当你在艰难的一生中，发现没有任何深刻的变化能战胜人的本性，只有最古老的习俗和陈旧的仪式抑制着文明的产生，你怎么会相信人类会进步呢？老人会这样想："这又何必呢？"这也许是他最危险的口头禅，因为说完："何必要斗争呢？"之后，他有一天就会说："何必要走出家门呢？"再接着就是："何必要起床呢？"最后，他就该说："何必要活着呢？"这样就敲开了死亡的大门。

长　者

〔加拿大〕里柯克

充满翎毛、艳服、鲜花和舞蹈的美不胜收的世界可以继续下去。

一个人经历过许多往事之后，再回首似乎比登天还难。然而使青年人犹豫、彷徨和战战兢兢的其他事情，在老年人看来又是如此简单、轻而易举。以女人（我指女孩子们）为例吧。恋爱中的小伙子成天寻寻觅觅，一会儿充满希望，一会儿满怀惶恐，疑虑重重，为对方只言片语而鼓舞，为对方一蹙眉头而丧气。但如果他懂得多一点，照老年人看来，任何一个小伙子都可以和他的意中人结成眷属。他只需上前对她说："史密斯小姐，尽管我不认识您，但您绝世的美貌使我不得不对您一诉衷情。您今天下午——比如三点半钟，能同我结婚吗？"

处理好人生中这方面的事情会省去几年战战兢兢的日子。然而，假如他们对此一窍不通也无妨，充满翎毛、艳服、鲜花和舞蹈的美不胜收的世界可以继续下去，这些东西像缥缈的轻纱，爱情将把它们撒向生活之路。

对这样一个青年人的世界，长者只能望洋兴叹。人们一旦年事增高，年轻人一个个在他们眼里都将显得漂亮俊俏。即使相貌极为平常的姑娘，在他们看来也带有一种自然美。愚不可耐的丑八怪，起码也时当妙龄。老年与美好的青春沾不上边，只好向隅独坐了。

青年人对长者的崇敬，至少是怀着如前所述的幻想，对功成名就的老年人产生的尊敬使社会和谐无法实现。老头儿在内心里可能会觉得自己是个"大丈夫"，但他的外表却不争气，他必须独处一隅，否则会成为一个让人人不齿的老糊涂。

无论如何，说得委婉一点，与老头子们为伍是很讨厌的事。他们不能听。

智慧在成长

我在我的俱乐部注意到了这点。我们成立俱乐部 30 年了，至今仍然活着的人都在里面，他们又长了 30 岁，有的人甚至更多。他们会听吗？不，即使让我说也不行。他们一开口讲故事，就没完没了，絮絮叨叨个不停，而你对讲的内容一清二楚，因为这正是你昨天才讲给他们听的。年轻人说话常常很干脆，得相机插嘴或住口。但你一旦给了老头子话题，你就得听他们喋喋不休地说下去。在我看来，可以容忍的只有那些你只要去找就可以找到的中风（但不太严重）的老家伙。这听起来似乎有些残忍，但不过是个适当的警告。如果我要讲故事给别人听，我就要千方百计地找这样一个人。

秋　末

〔英国〕乔治·吉辛

我不禁想要大笑一番，可我控制自己，只是微笑一下。

在生命的这个时期，很多人正鞭策自己从事新的努力，计划着 10 年或 20 年间的追求与造就，我或许也可以再活数年。但对我来说，不再有活力，不再有野心。我已经有过机会——并且知道自己利用它干了些什么。

这个想法一时几乎使我恐惧。什么，我？昨天还是一个年轻人，还在计划着、希望着、展望未来、前程无限。我是那样精力充沛、目空一切，今天竟然只能回顾和怀恋过去？这怎么可能呢？但是，我还没有做什么事，我没有足够的时间，我只是在做准备——仅仅是一个生活的学徒。我的头脑在跟我胡闹，这只是我暂时的幻觉，我要振奋起来，回到常识上来——回到我的计划、活动与热切的享乐中来。

然而，我的生命已经过去了。

人生是多么渺小？我知道哲学家是怎么说的。我背诵过他们关于人生短暂

的词句——不过在此以前，我不相信他们的话。这就是一切吗？一个人的生命可以是如此短暂，如此空虚吗？我徒然要自己相信：我的生命现在才真正开始，那流汗、恐怖的日子根本不是生活。现在只要我愿意，就可以过有价值的生活。这可能只是自我安慰，但它并不能模糊一个事实：我面前决不会再看到机会与希望了。我已经"退休"了，对我，如同对退休商人一样，生命已成为过去。我可以回顾已走完的历程，那多么渺小呀！我不禁想要大笑一番，可我控制自己，只是微笑一下。

最好只是微笑，不带轻蔑，尽力忍耐，而不过分自怜自艾。毕竟，我还从未感到事情的可怕，我可以不费力地将它摆到一旁。生命完了——那有什么关系？总的来说，人生究竟是痛苦的，还是欢乐的，甚至现在我也说不准——事实本身阻止我把损失看得太认真。这有什么关系呢？不露面的命运，命令我生出来，扮演我这个小角色，然后重归寂静。对此我是赞成还是反对？我没有像别人那样遭受不堪忍受的委屈，遭受肉体上或精神上可怕的悲痛，让我感谢上苍吧。能这样安逸地走完人生旅程的一大部分，难道还不够幸福吗？如果我对它的短暂无为感到诧异，那只是我自己的错误。那些比我先死的人的声音，已充分警告了我。最好现在看到真理，并接受它，以免在软弱的日子里陷入恐惧惊讶，徒然怨天尤人。我宁愿高兴，而不愿悔恨，我不再为此忧思闷想了。

钟　面

〔捷克〕米兰·昆德拉

劳累是从生命之岸通向死亡之岸的无声桥梁。

必须懂得生活的钟面：

一直到某个时刻，死亡还是十分遥远的事情，因此我们对它漠不关心。它是不必看的、看不见的。这是生活的第一阶段，最最幸福的阶段。

智慧在成长

随后，我们突然看到死亡就在我们面前，驱也驱不走。它始终和我们在一起。不过，既然不朽和死亡难分难解，那么我们也可以说，不朽始终和我们在一起。我们刚发现它的存在，我们就开始不遗余力地关怀它。我们为它定做一件无尾长礼服，为它买一条领带，生怕由别人来为它选择上装和领带，选择得不好。这就是歌德决定写他的回忆录《诗与真》的时候，也是他邀请忠心耿耿的埃克曼到他家里来，允许他写《歌德谈话录》的时候。这个谈话录也是一幅在画中人亲切的监督下画成的美丽的肖像画。

当一个人睁眼就看见死亡生命的第二阶段以后，接着是最最短暂、最最秘密的生命的第三阶段。关于这个阶段的事情，人们所知甚少，而且并不谈及。人们精力衰退、劳累不堪、气息奄奄。劳累是从生命之岸通向死亡之岸的无声桥梁。死亡近在咫尺，人却懒得再去看它。像从前一样，它是不必看的、看不见的。不必看的，就像一些司空见惯、屡见不鲜的东西一样。疲惫的人从窗户看出去，注视着一棵棵树的叶子，他在心中默诵这些树的名字：栗树、杨树、槭树。这些名字就像它们代表的形体那么美。杨树高大挺拔，就像一个举臂向天的运动员，也可以说像一股凝定了的窜向天空的火焰。杨树，啊，杨树。不朽是一种微不足道的幻想、一个空洞的字眼、一丝人们手持捕蝶网追赶的气息，如果我们将它和疲惫的老人看到的窗外的美丽的白杨树相比的话。不朽，疲惫的老人根本不再去想它了。

逝者如斯

〔塞尔维亚〕伍里采维奇

我们认为某个时刻将会到来，而且一定会到来，那时我们的期待将会实现。

我从母亲那儿学会如何工作，并憎恶懒惰。她常说："时间就是永恒……人们荒废时间就是荒废永恒。"她还常说："在这世界上没有什么美好的东西，也许时间就是我们拥有的唯一美好的东西。让我们别荒废它吧……谁能知道明天会发生什么事呢。"

时间！然而，这个词意味着什么？我们诞生，我们活着，我们死去，并且认为这一切都是按时发生的，仿佛时间是某种巨大、崇高、宽广和深邃的东西；仿佛它是一个无边无际的天体，包容着一切发光的世界，包容着生命和死亡，而这个地球像是蓝色的大海，无数的鱼在其中相聚相依，同泳同游。我们把已经做过的一切叫作过去；把正在做的一切叫作现在；而我们将要或试图去做的一切则称之为未来。而所有这一切都在我们身内，不在我们身外。过去的存贮在我们的记忆中，现在的正吸引着我们的注意力，而将要来的则包容在我们的希望和期待之中。

我们总是在期待着什么，我们的生命就是在期待中耗费掉了。我要说，生命本身就是一种期待。我们认为某个时刻将会到来，而且一定会到来，那时我们的期待将会实现。在某种情况下，满足和实现我们的希望似乎依赖于时间；在另一些情况下，我们坚定地相信并且确认，时间依赖于我们，而我们并不能使它缩短或延长。

我们将时间分为时代、世纪、年代，并给这些虚构的划分取了名字，将它们看作是某种真实的存在于它们自身之内并独立于我们的意识之外的某种东西。我们相信我们真正度量了时间，而实际上在我们的意识之外并不存在什么东西。在我们的书籍之外也不存在什么东西，在书中我们写下了我们的思想、我们的谬见和我们的空虚的言辞。时间在其自身中什么也不是，它不是实在，不是实体，而是人的思想、观念，书中的一个词，石头上的一道刻痕。

亲爱的死去的母亲，当你说："时间就是永恒……人们荒废时间就是荒废永恒"，或许你说出的是一个巨大的真理，或许你的朴素的思想（并非自觉自愿）所要达到的不是哲学家，而是父亲！一个人在他的民族中是个伟人，在上帝面前也是正直的，他也许会这样祈祷："教我们计算我们的日子吧，这样我们就有可能使我们的心灵专注于寻求智慧。"

我注意到在天才和头脑简单的人之间有某种相似之处，他们都能够显示真理：前者通过理性的力量得到它，后者则通过他们的心和爱。而庸人并不是真正的人。

人的信念

〔苏联〕邦达列夫

人们不想和生命分手，虽然大多数人的生活并不是由巨大的痛苦和巨大的欢乐所组成。

我们恐怕不能解释，为什么给人的期限不是 900 年，而是 70 年，为什么青春是如此闪电般迅速和短暂，为什么衰老又是如此漫长。我们也无法找到回答：有时善与恶就像原因和后果一样是不能分离的。无论这是多么痛苦，但是却不值得去重新评价人对自己在地球上的位置的理解——大多数人都没有被赋予去认识生存意义，认识自己生命意义的能力。一定得度过赋予你的生命的期限，才有根据说你生活得正确与否。怎样按别的方式思考这个问题呢？是用可能性和教益性的命中注定的抽象思辨吗？

但是人总是不愿意承认他只是地球这粒尘屑中极微小的一份子，从宇宙的高度是根本看不见他的，而且他不能认识自己，因而粗鲁地深信他能了解宇宙的秘密和规律，当然也就能使它们服从自己日常的利益。

人是否知道，他是被命中注定要死亡的？……这个令人不安的想法仅是偶尔在他意识中闪现，他总是在摆脱这个想法，他自卫，以希望聊以自慰，总想着：不，那不祥的、不可避免的事情不会在明天发生，还有的是时间，还有 10 年，5 年，2 年，1 年，还有几个月……

人们不想和生命分手，虽然大多数人的生活并不是由巨大的痛苦和巨大的欢乐所组成，而是由劳动的汗味和简单的肉体满足所组成。但在这一切的同时，许多人却是以无底的塌陷将他们相互分隔开来，只有经常会折断的爱和艺术的细竿有时会将他们联结到一起。

但是由清醒的理智和想象所产生出来的人类意识终究包含着整个宇宙，包含着它星星般发出的种种神秘的冰凉的恐怖，也包含着人的诞生及短暂生命的具有规律的偶然性悲剧。但即使这样不知为什么也没有引起绝望，也没有使他的行为具有毫无意义的枉然感，这就像聪明的蚂蚁总是不停止它们孜孜不倦的工作，显然，它们是为了让工作有用而操心。

人似乎觉得他在地球上有至高无上的权力，所以他确信他是不朽的。他长期以来一直没有想到，夏天会变为秋天，青春会变成衰老，甚至最亮的星星也会熄灭。在他的信念里的是运动、能量、行为和热情的动力，而在他的傲慢里的是观众的轻率，他深信生活的影片将会不断地持续放映下去。

生之意义

〔英国〕毛　姆

如果我尽量利用我的一生，从中得到最大的好处，我又该如何对付这个世界？

如果死亡终止一切，如果我既无死后有福的希望，又不怕祸患，那么我必须问自己，我到这个世界上来干什么，既来了，应该如何为人。

这些问题中，有一个问题的回答很简单，可是这回答太令人扫兴了，大多数人都不愿承认。那就是：人生没有道理，人生没有意义。我们在这里，是在一颗小行星上作短暂的居留，这颗小行星绕着另一颗小星旋转，而那颗小星又是无数星系中的一颗。也许只有我们这颗行星上能有生命。或者在这宇宙的其他地方，别的行星可能已经在形成一种适合于某种物体生存的环境，可能正是

智慧在成长

这种物体经过亿万年漫长的时间逐渐生成了今天的我们这些人。

倘若天文学家们告诉我们的是真的,这个行星有一天会变成这样一种情况:到时候所有生物都将不能在它上面生存,最后宇宙将到达那终极平衡阶段,一切归于静止。而人,在这情况到来的亿万年以前早已不复存在了。那个时候,他是否曾经存在过,可能设想有什么意义吗?他将已成为宇宙史上的一章,犹如记述原始时代地球上生存过的奇形巨兽的生活故事的一章,同样毫无意义。

于是我必须问我自己,这一切与我有什么关系。另外,如果我尽量利用我的一生,从中得到最大的好处,我又该如何对付这个世界?这不是我在说话,这是我心中的渴望在说话,这是每个人心中都有的,渴望坚持自己的存在。这就是自我主义。我们大家从来不知多少年以前开始使一切活动起来的那种古远的能力是从哪里继承下来的。它是每种生物保持生存的自我执著所必需的,它使它们活着。这是人的根本。它的满足就是斯宾诺莎所说我们所能希望达到的最高极限——自我满足,"因为人们保存自己,并没有任何目的"。

我们可以设想,精神在人体内发光,是让人用以应付周围环境的。经过千秋万代,它还只发展到仅能应付实际生活的一些主要问题。可是在那漫长的岁月中它似乎终于超越了他的直接需要,随着想象力的发展,人将他的环境扩大到了肉眼看不见的事物。我们知道他当时是用什么回答来满足他给自己提出的问题的。在他体内燃烧的能力是那么强烈,他不可能怀疑自己的巨大力量。他的自我主义是无所不包的,因而他无从设想自己毁灭的可能性。这些回答至今使许多人感到满意。它们使人生有意义,给人的虚荣心带来安慰。

生之不同

〔丹麦〕勃兰兑斯

他们从事向思想深处发掘的劳动和探索，忘记了世俗的各种事件。

这里有一座高塔，是所有人都必须去攀登的。它至多不过有 100 级。这座高塔是中空的。一个人一旦达到它的顶端，就会掉下来摔得粉身碎骨。但是任何人都很难从那样的高度摔下来。这是每个人的命运：如果他达到注定的某一级，预先他并不知道是哪一级，阶梯就从他的脚下消失，好像它是陷阱的盖板，而他也就消失了。只是他并不知道那是第 20 级或是第 63 级，或是哪一级。他所确实知道的是，阶梯中的某一级一定会从他的脚下消失。

最初的攀登是容易的，不过很慢。攀登本身没有任何困难，而在每一级从塔上的瞭望孔望见的景致是足以赏心悦目的。每一件事物都是新的。无论近处或远处的事物都会使你的目光依恋流连，而且瞻望前景还有那么多的事物。越往上走，攀登越困难，目光不大能区别事物，它们看起来都是相同的。同时，在每一级上似乎难以有任何值得留恋的东西。也许应该走得更快一些，或者一次连续登上几级，然而这是不可能做到的。

通常是一个人一年登上一级，他的旅伴祝愿他快乐，因为他还没有摔下去。当他走完 10 级登上一个新的平台后，对他的祝贺也就更热烈些。每一次人们都希望他能长久地攀登下去，这希望也就显露出更多的矛盾。这个攀登的人一般是深受感动的，但却忘记了留在他身后的很少有值得自满的东西，并且忘记了什么样的灾难正隐藏在前面。

这样，大多数被称作正常的人的一生就过去了，从精神上说，他们停留在同一个地方。

智慧在成长

然而这里还有一个地洞，那些走进去的人都渴望自己挖掘坑道，以便深入到地下。而且，还有一些人的渴望是去探索许多世纪以来前人所挖掘的坑道。年复一年，这些人越来越深入地下，走到那些埋藏金属和矿物的地方。他们使自己熟悉那地下的世界，在迷宫般的坑道中探索道路，指导、了解或是参与到达地下深处的工作，并乐此不疲，甚至忘记了岁月是怎样逝去的。

这就是他们的一生，他们从事向思想深处发掘的劳动和探索，忘记了世俗的各种事件。他们为他们所选择的安静的职业而忙碌，经受着岁月带来的损失和忧伤，和岁月悄悄带走的欢愉。当死神临近时，他们会像阿基米得在临死前那样提出请求："不要弄乱我画的圆圈。"

门的含意

〔美国〕克·莫利

门是隐秘、回避的象征，是心灵躲进极乐的静谧或悲伤的秘密搏斗的象征。

开门和关门是人生中含意最深的动作。在一扇扇门内，隐藏着什么样的奥秘！

没有人知道，当他打开一扇门时，有什么在等待着他，即使那是他最熟悉的屋子。时钟滴答响着，天已傍晚，炉火正旺，那儿可能隐藏着令人惊讶的事情。修水管的工人也许已经过来（就在你外出之时）把漏水的龙头修好了。也许是女厨的忧郁症突然发作，向你要求得到生活保障。聪明的人总是怀着谦逊和容忍的精神打开他的前门。

我们之中，有谁不曾坐在接待室里，注视着一扇门的谜一般意味深长的镶板？或许你在等待申请一份工作，或许你有一些渴望达成的"交易"。你望着那机要速记员轻快地走出走进，漠然地转动着那与你的命运休戚相关的门。然后那年轻的女郎说："克兰伯利先生现在要见你。"当你抓住门的把手，你就会闪

过这样的念头："当我打开这扇门时，会发生什么事情呢？"

有各种各样的门。有旅馆、商店和公共建筑的转门。它们是活泼喧闹的现代生活方式的象征。难道你能想象弥尔顿或潘恩急匆匆地穿过一扇转门么？还有古怪的吱吱作响的小门，它们依然在变相的酒吧间外面晃动，只有从肩膀到膝盖那样高。更有活板门、滑门、双层门、后台门、监狱门、玻璃门。然而一扇门的象征和奥秘存在于它那隐秘的性质。玻璃门根本不是门，而是一扇窗户。门的意义就是对隐藏在它内部的事物加以掩盖，给心灵造成悬念。

开门的方式也是多种多样的，当侍者端给你晚餐的托盘，他欢快地用肘部推开厨房的门。当你面对倒霉的书商或者小贩时，你把门打开了，但又带着猜疑和犹豫退回门内。彬彬有礼、小心翼翼的仆役向后退着，敞开了属于大人物的壁垒般的橡木门。富于同情心然而深深沉默的牙医的女助手，打开通往手术室的门，不说一句话，只是暗示你：医生已为你做好了准备。一大清早，一扇门猛然打开，护士走了进来——"是个男孩！"

门是隐秘、回避的象征，是心灵躲进极乐的静谧或悲伤的秘密搏斗的象征。没有门的屋子不是屋子，而是走廊。无论一个人在哪儿，只要他在一扇关着的门的后面，他就能使自己不受拘束。在关着的门内，脑力工作最为有成效。人不是在一起牧放的马群，甚至连狗也知道门的意义和痛楚。你可曾注意过一只小狗依恋在一扇关闭的门边？这是人生的一个象征。

洞

〔奥地利〕卡夫卡

当物质世界威胁到两者的生命时，洞就是他们最后的救护站。

洞出现在没有东西的地方。

洞是非洞的永恒伙伴：洞不可能单独出现，这一点使我深感遗憾。假如到处都有东西的话，当然也就不会有洞，那也就不会有哲学，更加不会有洞所产生的宗教。没有洞，老鼠就无法生存，人也同样：当物质世界威胁到两者的生命时，洞就是他们最后的救护站。可见洞是永远有益的。

每当人们听到"洞"这个字眼时，就会产生各种联想：有些人会想起枪眼，有些人会想起扣眼，还有些人会想起许多其他东西。

洞是人类社会制度的基本支柱，而这个社会也是一个洞。工人们住在阴暗的洞里，总要勒紧皮带，如果他们表示不满，就会被撵出门外，关进牢房。最后，当他们数完那一排洞穴似的牢房之后，嗓子眼里就只剩下最后一口气了。出生在贫民窟里是件倒霉的事，为什么这些孩子恰恰是从这些洞里出来的呢？要是出生在几个洞之远的地方，他们将来准能通过第二次国家考试。

洞最奇特之处是边缘。边缘虽然仍属于物体，却往往指向虚无，边缘是物质世界的边哨。虚无则不存在边哨：组成洞的边缘的分子朝洞里望去，是会感到头晕的，那么，组成洞的分子会不会感到……踏实呢？对此没有确切的字眼，因为我们的语言是由物质的人发明的，而虚无的人用的则是另外的语言。

洞是静态的，处在旅途中的洞是没有的，几乎没有。

互为通婚的洞又合为一体，这是那些无法想象的现象中最为奇特的现象。如果将两个洞之间的分界墙拆除，那么右边的边缘是属于左边的那个洞，还是左边的边缘属于右边的那个洞，还是各自属于各自的洞，或者双方都属于对方呢？我为此颇感担忧。

如果一个洞被堵住了，那么洞会在哪里呢？它是向左边的物质挤去呢？还是向另一个洞跑去，以诉说自己的不幸？哪儿存在被堵上的洞呢？没有人知道这一点，因为我们的知识在这个问题上还有一个漏洞。

注定的局限

〔法国〕霍尔巴赫

人之所以宁愿要暂时的痛苦是因为他想借此获得更牢固更长久的快乐。

不难理解，人的任何行为举止都是不自由的；不难理解，根据神学家们的概念，人的自由意志只是一种纯粹的幻想。难道选择这些或那些人作为父母由人决定吗？难道人接受或不接受自己的父母或教育者的信念由他决定吗？如果我的父母是偶像崇拜者或回教徒，难道做一个基督教徒由我决定吗？但是神学家们硬要我们相信，上帝会残酷无情地惩罚所有它没有用自己的神恩进行教育，从而不可能接受基督教的人！

人出生于什么环境是不由他选择的，也没有谁问过人，他是否愿意到人间来。大自然没有就选择祖国和父母向他征求过意见，他所获得的（正确的或错误的）信念、表象和意见只是他所受教育的必然结果，而受何种教育则不由他选择。他的情欲和欲望是他的性格的必然结果，而人的性格则是由人的本性和他所接受的信念决定的。人一生的欲望和行为都是人不能自由选择的那些交往、习惯、职业、娱乐、言谈、思想所预先决定的，换言之，人一生的欲望和行为都是由他的意志不能自由改变的无数事件和偶然性预先决定的。人没有能力对将来未卜先知，他既不知道在某个特定的时刻自己有什么欲望，也不知道下一分钟自己会做什么。人从生到死，没有哪一个瞬间是自由的。

你们会说，人有欲望的感觉，他能思考，进行选择，作出决定。你们又因此得出结论说：人是自由的。的确，人有欲望的感觉，但他不能成为自己的欲望或意志的主人。他不能希望或追求他认为不利于自己的东西，他不能爱受苦而恨享福。我们听说，人有时会宁愿放弃快乐而追求痛苦。但是在这种场合人之所以宁愿要暂时的痛苦是因为他想借此获得更牢固更长久的快乐。由此可见，追求更多的幸福必然使他放弃较少的幸福。

然而恋爱的男子会使自己心爱的女郎具有使他心醉神迷的种种特征。就是说，他不能自由地爱或不爱自己情欲的对象。他既不能控制自己的想象，也不能控制自己的性格。由此显然应当得出结论说：人不能支配他内心所产生（完全不以人为转移）的各种欲望和意向。但是，你们会说，人可以克服自己的欲望，因此他是自由的。当使人厌恶某种对象的原因压倒使他追求这个对象的原因时，人就能克服自己的欲望，在这种场合下他必然要克服自己的欲望。害怕丧失名誉或惩罚的痛苦胜过爱金钱的人，必然会同夺取他人金钱的欲望进行斗争。

生 之 痛

〔法国〕加　缪

旁观者只看到这些生命的脊线，而没有意识到损害着他们的细部。

人拒绝现实世界，但又不愿意脱离它。事实上，人们依恋这个世界，他们中的绝大多数都不愿意离开这个世界。他们远非要忘记这个世界，相反，他们为不能足够地拥有这个世界而痛苦。这些奇怪的世界公民，他们流亡在自己的祖国。除了在瞬间即逝的圆满时刻中，整个现实对他们来说都是不完善的。他们的行为躲开他们进入其他行为中。以意外的面孔来审视他们，并且像坦塔罗斯的水一样向着尚不为人知的河口流去。察看河口，控制河流，最后将生活作为命运来把握，这就是他们对他们祖国最深切的真实的怀念。但是，这种看法，至少在认识方面最终将他们同自己调和起来，只能在死亡的短暂时刻才出现，如果它会出现的话。一切都在此告终。为了在世界上存在一次，就必须永远不

再存在。

那么多的人对其他人的羡慕就由此产生。由于发现了这些外部的存在，人们便赋予他们以一种他们实际上不可能有的，而对旁观者来说显而易见的和谐与统一。旁观者只看到这些生命的脊线，而没有意识到损害着他们的细部。我们于是在这些存在之上从事艺术。在这个意义上，每个人都努力将自己的生命变成艺术作品。我们希望爱情永存，但我们知道爱情无法永存。如果爱情奇迹般地永存于人的整个一生，那它也是不完善的。也许，我们在这难以满足的对持续的需要中可以更好地理解人世的痛苦，如果我们知道这种痛苦是永恒的话。有时，伟大的灵魂似乎由于不能常存而惊恐，这比痛苦引起的惊恐更有过之而无不及。由于缺少永不厌倦的幸福，一种长期的痛苦至少会造成一种命运。不，我们所受的最残酷的折磨总有一天会结束。一天早晨，在经历了如此多的绝望之后，一种不可压抑的求生的渴望将宣告一切已结束，痛苦并不比幸福具有更多的意义。

占有欲只是要求持续的另外一种形式。正是它造成爱情的无力的狂热。任何人，哪怕是最被爱着的人和最爱我们的人，也不能永远占有我们。在这严酷的大地上，情人们有时各死一方，生又总是分开的，在生命的全部时间里完全地占有一个人和绝对地沟通的要求是不可能实现的。占有欲是如此难以满足，以致这种欲望能够比爱情本身持续更久。那么爱，就是使被爱者枯萎。情人从此成为孤独者，他的可耻的痛苦与其说是自己不再被人爱，不如说是得知对方仍能并应当去爱别人。严格说来，每个被疯狂的追求欲和占有欲所折磨的人都希望他曾经爱过的人枯萎或死亡。这就是真正的反叛。

智慧在成长

生命之战

〔美国〕亨利·梭罗

到西风中听一听谴责之辞吧，一定有的，听不到的人是不幸的。

我们的整个生命是惊人地精神性的。善恶之间，从无一瞬休战。善是唯一的授予，永不失败。在全世界为之振奋的竖琴音乐中，善的主题给我们以欣喜。这竖琴好比宇宙保险公司的旅行推销员，宣传它的条例，我们的小小善行则是我们付的保险费。虽然年轻人最后总要冷淡下去，宇宙的规律却是不会冷淡的，而是永远与敏感的人站在一起。到西风中听一听谴责之辞吧，一定有的，听不到的人是不幸的。我们每弹拨一根弦，每移动一个音栓的时候，可爱的寓意渗透我们的心灵。许多讨厌的声音，传得很远，听来却像音乐，对于我们卑贱的生活，这真是一个傲然的可爱的讽刺。

我们知道在我们身体里面，有一只野兽，当我们的更高的天性沉沉欲睡时，它就醒过来了。这是官能的，像一条毒蛇一样，也许难于整个驱除掉；也像一些虫子，甚至在我们生活着并且活得很健康的时候，它们寄生在我们的体内。我们也许能躲开它，却永远改变不了它的天性。恐怕它自身也有一定的健壮。我们可以很健康，却永远不能是纯净的。有一天我捡到了一块野猪的下腭骨，有雪白的完整的牙齿，它带有一种动物性的健康和精力。这是用节欲和纯洁以外的方法得到的。"人之所以异于禽兽者几希，"孟子说，"庶民去之，君子存之。"如果我们谨守着纯洁，谁知道将会得到什么样的生命？如果我知道有这样一个聪明人，他能教给我洁身自好的方法，我一定要去找他。"能够控制情欲和身体的外在官能，并做好事的话，照吠陀经典的说法，是从心灵上接近神的不可缺少的条件。"然而精神能够在一时之间渗透并控制身体上的每一个官能和每一个部分，而把外表上最粗俗的淫荡转化为内心的纯洁与虔诚。放纵生殖的

精力将使我们荒淫而不洁；克制它则使我们精力洋溢而得到鼓舞。贞洁是人类的花朵，创造力、英雄主义、神圣等等只不过是它的各种果实。当纯洁的海峡畅通，人就会立刻奔流到上帝那里。我们一会儿为纯洁所鼓舞，一会儿因不洁而沮丧。自知身体之内的兽性在一天天地消失，而神性在一天天成长的人是有福的，当人和劣等的兽性结合时，就只有羞辱。我担心我们只是农牧之神和森林之神那样的神或半神与兽结合所产生的妖怪，饕餮好色的动物。我担心，在一定程度上，我们的一生就是我们的耻辱。

向何处去

〔日本〕三木清

我们顺从我们的想象度过人生，任何人都或多或少是理想主义的。

"从何处到何处？"是人生的根本问题。"我们来自何处？又向何处去？"这常常是人生最本质之谜。正因为这样，人生如旅行的感觉，才是不足为奇的。在人生中我们到底要向何处去呢？我们并不知道。人生，是向着未知旅途的漂泊。或者，可以说我们的归宿是死亡。尽管如此，却没有人能够明确地回答死亡是什么。将向何处去的问题反过来问，就是来自何方。对于过去的忧虑产生于对将来的忧虑。漂泊的旅行常常伴随着难以捕捉的乡愁。人生漫长，然而人生匆匆，人生的道路遥遥无期而又近在咫尺，因为死亡时时刻刻都在我们的脚下。但是，只有在这样的人生中，人们才会不断地梦想。我们顺从我们的想象度过人生，任何人都或多或少是理想主义的。旅行是人生的缩影，因为我们在旅行时脱离了日常的事物而陷入纯粹的静观，只有对于以平生自明的、已知的事理为前提的人生，才保持了新鲜的感觉。旅行使我们体味人生。我已经阐述了旅行中的遥远感、短暂感和运动感与客观的远近、运动并无关系。我们在旅

智慧在成长

行时所碰到的常常就是自身、自己。即使在大自然中旅行，我们也总是碰到自身、自己。

人们常常为了寻求解脱而外出旅行。也许，旅行的确能够使人获得解脱吧。但是，如果认为旅行能够使人获得真正的自由，那就错了。所谓解脱，是来自某一事物的自由，这样的自由不过是消极的自由。人们外出旅行时，总是情绪波动、反复无常，容易心血来潮、冲动一时。如果谁企图利用某人的心血来潮、一时冲动，那么，和他一起出去旅行是再方便不过的办法了。旅行多少使人担些风险，但是，即使担风险，人们在旅行时仍是反复无常、易于冲动的。旅行时的漂泊感就存在于这种冲动的情绪之中。不过，反复无常并非真正的自由。在旅行中，听从冲动情绪行事的人，不可能真正体验旅行。旅行使我们的好奇心活跃起来，然而，好奇的心理绝不同于真正的研究欲望和求知欲望。好奇心是反复无常的，不愿停留在一个地方认真观察，而是不断地转移。不停留在任何一个地方，不深入到任何一件事物之中，又怎么可能真正了解一件事物呢？好奇心的根子就是飘忽不定的漂泊感。此外，旅行使人伤感。但如果在旅行时只是一味地陷入感伤情绪中，人就不会有任何深刻的见解和独特的感受。真正的自由是就事理来说的自由。这不仅仅是运动，而是既运动又静止，既静止又运动。这就是动即静，静即动的道理。

不朽者的神话

〔古希腊〕柏拉图

神灵就是美、智、善以及一切类似的品质。

至于灵魂的性质，要详说起来，话就很长，而且要有神人的本领，较简易

的而且是人力所能做到的是说一说灵魂的大致。我们姑且将灵魂比喻为一种合作的动力，两匹飞马和一位车夫。神所使用的马和车夫都是极好的，而且血统也是极好的，此外一切生物所使用的马和车夫却是复杂不纯的。

就我们人类来说，车夫要驾驭两匹马，一匹驯良，另一匹顽劣，这种驾驭是件麻烦的工作。这里我们要问：所谓"可朽"和"不朽"是怎样被区别开来的呢？凡是有灵魂的都控制着无灵魂的，周游诸天，表现为各种不同的形状。如果灵魂是完善的、羽毛丰满的，它就飞临上界，主宰宇宙。如果它失去了羽翼，它就向下落，一直落到坚硬的东西上面才停，于是它就安居在那里，附着在一个尘世的肉体上，由于灵魂固有的动力，它看上去仿佛能自动，这灵魂和肉体的混合就叫做"动物"，再冠上"可朽的"那个形容词。至于"不朽者"之所以被称做"不朽者"，却不是人类理智所能窥测的，我们既没有见过神，又不能对神有一个圆满的观念，只能假想他是一种不朽的动物，兼具灵魂和肉体，而这两个因素是无始无终地紧密结合在一起的。不过关于这问题，我们究竟怎样说，最好委之于神。我们姑且只问灵魂何以失去它的羽翼。

羽翼的本性是带着沉重的物体向高处飞，升到神的境界的，所以在身体各部分之中，它是最近于神灵的。所谓神灵就是美、智、善以及一切类似的品质。灵魂的羽翼要靠这些品质来培养生命力，遇到丑、恶和类似的相反品质，它就要遭到损毁。诸天的上皇——宙斯，驾驭一辆飞车，领队巡行，主宰着万事万物。随从他的是一群神仙，排成十一队，因为只有赫斯提亚留守神宫，其余列位于十二尊神的，各依指定的次序，率领一队。诸天界内，赏心悦目的景物，东西来往的路径，都是说不尽的，这些极乐的神仙们在当中徜徉遨游，各尽各的职守，凡是有能力又有愿心的都可以追随他们，因为神仙队中无所谓妒忌。每逢他们设宴娱乐，他们沿着那直陡的路高升，一直升到诸天的绝顶。

智慧在成长

安　宁

〔英国〕劳伦斯

　　现在，潮汐已经上涨到从未有过的高度，我们被送到上升的尽头。

　　宇宙有一个大的扩张和收缩，没有原因，也没有目标或目的。它始终在那儿运行，就像一颗心脏在不停地跳动。它到底是什么——这是永远说不清的。我们只知道结果是人间的天堂，就像那盛开的野玫瑰。

　　我们就像流淌的血，像一把从虚无飞向永恒，再从永恒飞回虚无的梭子。我们是永恒的扩张——收缩的主体。我们在完美的冲动中飞翔，并且获得安宁。我们抵抗，我们又尝到了先前早已知道的无价值的痛苦。

　　谁能够预先选择世界呢？所有的法则、所有的知识都适用于那些业已存在于世界上的事物。但是对未知的世界却没有一条法则、一丁点知识。我们不能预先知道，不能预先宣布。只有当我们安睡在未知的生命之流中，当我们获得了创造的方向，像一只梭子一样在织机上来回穿梭时，我们才能达到理解和默认的完美状态。我们在不知不觉中被纺织成今天这个模式，当然，这并不是说我们没有同现实达成完美的默契。

　　从未知的冲动中分离出来的是什么？通过这个孤立的自我意志我们又能获得什么？谁能够通过意志找到通向未知的道路？我们被驱赶着，微妙而优美地被生活驱赶着，最罕见的激励就是我们的安宁和幸福。我们在冲动上安睡，在陌生的涨潮中消逝。现在，潮汐已经上涨到从未有过的高度，我们被送到上升的尽头。当我们在精神的完美冲动中安睡时，这就是安宁。甚至当我们受到毁灭的夹道鞭打时，那也是安宁。我们现在仍然在纯粹的冲动中安睡。

　　当我们变得非常安宁时，当内心有一种死寂的沉默时，我们就好像在坟墓

中听到了一种新方向的耳语：理智到来了。在我们原先所有的安宁被毁灭之后，在原先的生活被毁灭而感到痛苦和死亡之后，我们的内心就暗示了一种新生活的满足。

这就是安宁，像一条河一样。安宁就像一条河，滚滚流向创造，流向一个不可知的尽头。对这个尽头，我们充满了信任的狂喜。我们的意志就像方向盘，引导着我们，并使我们忠实地顺从这个潮流。当我们陷入一个错误的潮流中时，我们的意志就成了依赖于方向盘的力量。我们凭借调节好的理性驾驭自己，我们的意志就是在这方面为我们服务的力量。我们的意志决不会因为我们按照纯理性去调整方向盘而感到厌倦。我们的意志十分敏捷，随时准备开船绕过任何障碍，克服任何障碍。我们敏锐的理性在那儿调节方向，我们的意志陪伴我们走完全程。

新 生 命

〔俄国〕列夫·托尔斯泰

他已在向那个中心走去，并且在自己生前就已看见这种光线在照亮他周围的人。

如果我要寻找理智的生命概念，那么我只能满足于明确的、明显的东西，而不想让神秘的、任意的占卜、猜测等东西来破坏这种明确性和明显性。我知道，我凭之生活的所有东西都是在我之前生活过的、在已经死去的很多人的生命中形成的。我知道所有遵从理智规律的人，所有使自己的动物性躯体服从理智并表现出爱的力量的人，都是在肉体消失后仍然活在别的人身上的。对我来说知道这一切也就够了，这样一来，那些荒谬的可怕的对死亡的迷信就再也不能折磨我了。

智 慧 在 成 长

在那些死后仍保持力量，仍在继续产生作用的人身上，我们可以观察到，为什么这些人使自己的个性服从理智之后，将全部生命献给爱之后，从来不可能怀疑，而且的确从未怀疑过生命不可能毁灭。

在这些人的生命中，我们能找到他们相信生命永恒的信仰基础。然后，当我们深入体会自己的生命之后，我们也能在自身中找到这个基础。基督说，他在生命的幻影消失之后仍将活着。他说这话是因为他在自己的肉体生存时就已经步入了真正的生命，而这生命是不能终止的。他在肉体存在的时候已经生活在从另一个生命中心射来的光线之中了，他已向那个中心走去，并且在自己生前就已看见这种光线在照亮他周围的人。每一个抛弃个体的、以理性的、爱的生命生活的人看到的也正是这些。

无论人的活动圈子是多么窄小，无论是基督，是苏格拉底或者是善良的默默无闻的具有自我牺牲的老人、青年、妇女，无论哪一个人，只要他为别人的幸福抛弃了个性而活，他在此时此地也就会进入到一种与世界的新的关系中。对这种关系来说，死亡不存在，建立这种关系是所有人一生的事业。

将自己的生命看做是对理智规律的服从的人，将自己的生命看成是爱的表现的人，从这个生命中，一方面可以看到那个新的生命中心射来的光线，他正走向这个中心。另一方面他会看到这种他用生命引来的光，正对周围的人发生着作用，而这必然使他产生无疑的信仰：生命不会削弱，不会死亡，只会永恒地加强。对永生的信仰不可能从随便什么人那里得到，人不可能说服自己相信永生。为了具有永生的信仰，就应当让永生存在。而为了让永生存在，就应当理解自己的生命存在于不可能死的那个东西里。因此，只有做了自己生命事业的人，只有在这个生命中建立了他身上容纳不了的与世界的新关系的人才能相信未来的生命。

天道自然

〔德国〕歌　德

　　她将自己隐藏在千百种名字和称号之中,但她的本色却永远不变。

　　她以肉眼看不见的演出自娱, 对于我们, 她的演出是极为重要的。

　　她使每个儿童都来研究她, 每个傻瓜都来判断她, 可是成千上万的人从她身边走过, 却什么也没有发现。而她却从所有这些人身上得到乐趣, 发现她的益处。

　　人即使是在抗拒她的规律的时候, 也是在服从她的规律, 既反对她, 又离不开她。

　　她的每一种赐予都是好的, 因为首先她赐予的都是人不可或缺的。她姗姗而来, 害得我们望眼欲穿; 她匆匆而去, 为的是使我们不致对她感到厌倦。

　　她没有语言也没有文字, 但是她创造出了能够感受和说话的心灵和舌头。

　　她的最高荣誉是爱。我们只有通过爱才能同她接近。她使所有的事物各个有别, 但所有这些事物却极力要融合到一起。她使事物互不雷同, 其实正是要使它们融合成一体。她用她那爱之杯里的玉液琼浆补偿我们生活中的不胜烦恼。

　　她就是一切。她酬赏自己又惩罚自己。她从自己身上得到喜悦, 但又感到苦恼。她既粗鲁又温柔, 既仁爱又凶恶, 既软弱又力大无穷。每个事物都永远是她的化身。她不知道什么叫过去或将来, 她的永恒是现在, 她仁慈为怀。我赞美她的一切创造, 她又聪慧又寡言, 任何人都不能强迫她来解释她自己, 或者恫吓她要她献出她不愿献出的礼物。她诡计多端, 但都是出于善意, 所以我们最好不要在意她的狡猾。

　　她本身就完满无缺, 可是她还在追求那永无止境的完满。她现在是这样,

智慧在成长

而且永远都是这样。

人人看来，她都是借他们个人的形式显露她自己的。她让她自己隐藏到无数名字和称号之中，但她的本色却永远不变。

她将我置于这个世界，又要把我领出这个世界。我把自己寄托给她，她可以凭她的意愿对待我，她不会厌恶她自己的作品。我并没有讲她什么。没有！什么是真，什么是假，都由她自己讲。每一件事物都是她的过失，也都是她的功劳。

生命概念

〔法国〕史怀泽

只有人能够认识到敬畏生命，能够认识到休戚与共，能够摆脱其余生物苦陷于其中的无知。

敬畏生命，生命的休戚与共是世界上的大事。自然不懂得敬畏生命。它以最有意义的方式产生着无数生命，又以毫无意义的方式毁灭着它们。包括人类在内的一切生命等级，都对生命有着可怕的无知。他们只有生命意志，但不能体验发生在其他生命中的一切。他们痛苦，但不能共同痛苦。自然抚育的生命意志陷于难以理解的自我分裂之中。生命以其他生命为代价才得以生存下去。自然让生命去干最可怕的残忍事情，自然通过本能引导昆虫，让它们用毒刺在其他昆虫身上扎洞，然后产卵于其中。那些由卵发育而成的昆虫靠毛虫过活，这些毛虫则应被折磨至死。为了杀死可怜的小生命，自然引导蚂蚁成群结队地去攻击它们。看一看蜘蛛吧！自然教给它的手艺是多么残酷。

从外部看，自然是美好而壮丽的，但认识它则是可怕的。它的残忍毫无意义！最宝贵的生命成为最低级生命的牺牲品。例如，一个儿童感染了结核病菌。接着，这种最低级生物就在儿童的最高贵机体内繁殖起来，结果导致这个儿童

的痛苦和夭亡。在非洲，每当我检验昏睡病人的血液时，我总是感到吃惊。为什么这些人的脸痛苦得变了形并不断呻吟："我的头，我的头！"为什么他们必须彻夜哭泣并痛苦地死去？这是因为，在显微镜下人们可以看见 10‰至 40‰毫米的白色细菌。即使它们数量很少，以至于为了找到一个，我有时得花上几个小时。

由于生命意志神秘的自我分裂，生命就这样相互争斗，给其他生命带来痛苦或死亡。这一切尽管无罪，却是有过的。自然教导的是这种残忍的利己主义。当然，自然也教导生物，在它需要时给自己的后代以爱和帮助。只有在这短暂的时间内，残忍的利己主义才得以中断。但是，更令人惊讶的是，动物能与自己的后代共同感受，能以直至死亡的自我牺牲精神爱它的后代，但拒绝与非其属类的生命休戚与共。

受制于盲目的利己主义的世界，就像一条漆黑的峡谷，光明仅仅停留在山峰之上。所有的生命都必然生存于黑暗之中，只有一种生命能摆脱黑暗，看到光明。这种生命是最高的生命，人。只有人能够认识到敬畏生命，能够认识到休戚与共，能够摆脱其他生物苦陷于其中的无知。

这一认识是存在发展中的大事。真理和善由此显现于世，光明驱散了黑暗，人们获得了最深刻的生命概念。共同体验的生命，由此在其存在中感受到整个世界的波浪冲击，达到自我意识，结束了作为个别的存在，使我们之外的生存涌入我们的生存。

起　因

〔英国〕雪　莱

如果我们俯视一下自身无知的黑暗深渊，我们会头晕目眩，我们将何

智慧在成长

等惊异！

智力体系最精密的演绎所展示的人生观是统一的。万物以其被感知的方式在着，人们以"观念"与"外在客体"之名粗浅地对思维的两种类型加以区分，然而，这两者之间的差别只是名义上的。同理，依照这种演绎方式，各不相同的个体意识（它与我们现在正在使用以审度自身本性的东西相类似）也同样可能只是一种幻觉。"我"、"你"、"他们"这些词语并不是标志观念集合体实际区别的符号，只不过是人们用来指示心灵的不同变化的修饰语与符号。

不过，请不要误以为这种学说导致了这样一个狂妄的推论，即：我，一个现在正在写作、思考的人，就代表那"一个心灵"。我，只不过是它的一部分。"我"、"你"、"他们"这些词不过是为了排列组合而创设的语法手段，根本不带通常附属于它们的那种严格、专一的意义。找到合适的名称来表达"理性哲学"所传递给我们的那种微妙的观念是很难的。我们正濒临为词语所抛弃的边缘。如果我们俯视一下自身无知的黑暗深渊，我们会头晕目眩，我们将何等惊异！

不过，事物之间的关系没有因任何"体系"而变更。所谓"事物"一词，我们可将它理解为思想的任何客体，也可以是任何明彻的分辨力对之进行思考的思想。这些事物之间的关系仍然未变，并成为我们获取知识的原材料。

人生的起因究竟是什么？或者说，人生究竟是如何产生的？是什么样的力量在主宰人生？有史以来，人类煞费苦心地试图对这一问题作出解答，其结果为——诉诸宗教。然而，万物的基础不可能是通俗哲学所宣称的意识，这一点是显而易见的。意识（倘若我们逾越了对意识属性切实体验这一范畴，一切论证将显得多么徒劳无益！）不可能被创造，它只能被感知。尽管意识被说成是人生的原因，然而，"原因"一词不过反映出了人类意识的一种状态。它表达的是人们所理解的彼此相关的两个观念相互关联的一种方式。倘若任何人想知道运用通俗哲学来解答这一重大问题是何等力不从心，那么他们只需不带偏见地回顾一下自己意识中的各种观念是如何发展的就可以了。意识的来源，也即存在的来源，是和意识本身毫不相同的。

最后根源

〔古罗马〕普洛丁

　　并不是因为万物应该如此,所以如此决定,而是因为万物本来如此,所以如此美好。

　　这宇宙,假如我们承认它本身及其所有事物都是派生的,让我们这样设想:它的创造者匠心独运,发明大地,将大地置于中央。然后发明水,以水灌于地面上。于是安排万物,整顿苍天。然后发明生灵,授予每一生灵以它现有的形状、内脏和外表,并按照自己的设计安置它们。试问创造者是这样进行创造吗?这样的设想显然是不合理的,因为他既未见过万象,又怎能发明呢? 倘若说他从别处学来,他也不能像今天的艺人用手和工具来工作,因为手和脚是后来才有的。所以,唯一的可能是万象本来存在于另一境界,与彼岸的事物直接为邻,毫无隔阂,因而它们所反映的彼岸事物的面影或形象突然出现,仿佛是它们自发的,或是由普遍的或个别的心灵所授予(在这场合是一样的)。

　　总之,此岸的一切是自彼岸而来,而且在彼岸时显得更美。因为此岸的事物是掺杂的,而彼岸的事物是纯粹的。所以万象自始至终被纳入模式之中,首先,物质纳入元素的模式中,模式之上另有模式,如此层出不穷,因此就很难发现那隐藏于许多模式之下的物质。此外,既然物质是最基本的模式,每一事物就是一个模式,万物皆为模式,因为模式是万物的原型。造化是无声无息的,因为万物的创造者就是本质和模式,所以造化之工并无困难。万物的创造仿佛一蹴而就,所以毫无障碍。今天,创造在支配着一切,虽然万物之间相容或彼此障碍,但决不会有什么阻碍着创造,因为创造始终是进行不息的。

　　我相信,倘若我们自己就是原型,是本质同时也是模式,倘若彼岸的创造的模

智慧在成长

173

式就是我们的本质,我们的创造也将毫无困难地降伏物质,即使是人也能创造出异己的模式。然而,一旦成为人,他就不再是宇宙的整体,他必须摆脱凡胎俗骨,才能像柏拉图所说的那样"升入上界并且统治整个宇宙"。因为只有变成整体,才能创造整体。

我这番话的目的在于指出:你虽然能说明大地为什么居于中央,为什么它是圆形的,在彼岸却不然,并不是因为万物应该如此,所以如此决定,而是因为万物本来如此,所以如此美好。这就好像在因果推理中先有了结论,而这结论却不是从前提产生,因为它不是从因果关系或逻辑推理求得的,而是先于因果关系或逻辑推理而存在,而推论、证明、论据等等都是后来的事情。因为它是根源,万物自此而化育。根源的原因,尤其是这种最后根源的原因,是不可探求的! 这种根源就是终极,它既是根源又是终极,它是一切一切,毫无缺陷。

阿佛罗狄忒之花

如果你歌颂美,即使你是在沙漠的中心,你也会有听众。

——纪伯伦

智慧在成长

175

量

〔英国〕荷迦兹

　　远胜过欧洲的东方人所着的衣服的庄严，不仅是由于华贵，同样地也是由于它的量。

　　高大的树林、雄伟的教堂和宫殿，是多么庄严，多么可爱！甚至仅仅一棵枝叶广被的橡树，当它长成时，不是也赢得了"神橱"的声望！

　　温莎城堡是表示量的效果的一个高尚的例子。它的少数的、清楚的部分巨大形状，从远处就以一种不寻常的宏大庄严引起我们的注意。量与单纯的结合，使它成为全国最美的建筑物之一，虽然它并没有任何正规的建筑样式。

　　巴黎罗浮宫的正面，也是以其量惊人。这部分建筑物被公认为是法国建筑中最美好的，虽然有许多建筑物，纵使不比它高，在所有其他方面也都可以与它媲美，只是在量上比不上它。

　　有哪个人面对着那精心装饰过的埃及的庞大建筑，看着它的整体和装饰着它的许多巨大雕刻时，会无动于衷呢？

　　大象和鲸鱼以它们笨重的巨大讨我们欢喜。甚至身材高大的人物，仅仅因为他们高大，就令人尊敬。是的，量加到人身上，常常会弥补他身体上的缺陷。

　　国王的皇袍总是做得又宽又大，因为这使他看起来很庄严，适合于他那显要的职位。法官的礼服由于所容的量，使人感到一种可敬畏的庄严，当那衣裾被拉起来的时候，从法官的肩头向下一直到拉衣裾人的手，有一条宏大的波浪形线条。当衣裾被轻轻地放到旁边的时候，它总是形成各种折痕，这些折痕也很显眼、引人注意。

　　远胜过欧洲的东方人所穿的衣服的庄严，不仅是由于华贵，同样也是由于

智慧在成长

它的量。

总之，量能在秀美之上加上伟大。但是，要避免过量，否则就会变成笨拙、沉重，甚至可笑了。

底部张开的假发，像狮子的鬃毛，具有一种高贵的样子，不仅能增加人容貌的庄严，而且使人显得聪明，如果戴上一个再大一倍的假发，就会变得诙谐了。如果一个不合适的人戴上，则会显得可笑。

不合适或不相合的过量出现时，总会引人发笑。尤其是当这些过量的形状并不优雅时，也就是说，它们是由没有变化的线条组成时，那就更会引人发笑。

变化是美的

〔英国〕柏　克

没有一件长久保持同一样子的东西能够是美的，也没有一件突然发生变化的东西能够是美的。

美的对象的一个主要特性是：它的各部分线条不断地变换它们的方向。但它们是通过一种非常缓慢的偏离而变换方向的，它们从来不迅速地变换方向使人觉得意外，或者以它们的锐角引起视觉神经的痉挛或震动。没有一件长久保持同一个样子的东西能够是美的，也没有一件突然发生变化的东西能够是美的。因为两者都与令人愉快的松弛舒畅相对立，而松弛舒畅却是美所特有的效果。在所有的感觉里都是这样。

我们走和缓的下坡路时遇到的阻力最小，沿着直线运动是仅次于它的活动方式。然而走直线在使我们感到最不疲劳这方面却不是仅次于走下坡的活动方式。休息当然使人松弛舒畅，可是还有一种运动比休息更使人松弛舒畅，那就是一种时上时下的和缓的摇摆运动。摇动比绝对的静止更易于使孩子入睡。在那种年纪，几乎没有任何活动比轻轻地举上降下给人更大的快感了。保姆和孩子们的玩耍方法，以及孩子们视为心爱娱乐的荡秋千，都充分地证明了这一点。大多数人一定曾经注意到自己坐在一辆舒服的马车里，在和缓地上下起伏不平坦的草地上疾驰时所体验到的那种感觉。这给人以一种更好的美的观念，这比其他任何东西都能更好地指明美的可能原因。相反地，当一个人坐车在一条崎岖的、铺碎石的、起伏不平的道路上疾驰时，由于突然的崎岖不平而感到的痛苦则说明为什么类似的视觉、感觉和声音同美如此格格不入。对于感觉来说，无论我把我的手沿着具有一定形状的物体的表面移动，或者这样的物体沿着我的手移动，在其效果上是完全相同的，或者差不多是相同的。但是，让我们把这种感觉的类似再反过去应用于眼睛，假如呈现在感官面前的物体具有一种波浪形起伏的表面，使从它反射出来的光线连续不断缓慢地从最强的光向最弱的光偏移（在表面逐渐起伏的情况下总是这样），那么它对眼睛或触觉产生的影响一定是完全相似的。在这两者之中，它对一个是直接起作用的，对另一个则间接起作用。假如构成这个物体的表面线条不是始终不变或者以一种方式变化从而可能叫人厌倦或使注意力涣散的话，那么这个物体将是美的。变化本身也必须继续不断。

残废与丑

〔英国〕培　根

　　他们比别人聪明，对缺陷更有洞察力，以便随时准备反击和报复。

　　残废和丑陋的人通常向自然报复。自然欺负他们，他们也欺负自然，一报还一报。他们中间的大多数，正如《圣经》所说，是"天性凉薄"的，所以他们对自然进行报复。肉体与灵魂之间的确存在着自然的比例关系，而如果自然在一个地方犯了错误，那么，很有理由担心，它在另一个地方也会冒险。但由于人享有选择自己的精神结构形式的权利，那么，在他的肉体缺陷还没有变化的条件下，那些决定气质的星宿有时会被科学和美德的光辉所遮掩，正如小星的弱光被太阳的强光所遮掩一样。因此，最好不要把残疾和丑看成是凶恶的、自然的、不可避免的特征，而应把它仅仅看作是一个很少不引起后果的原因。凡是身带招致轻蔑的缺点（它是无法摆脱的）的人，都经常会努力去抵御这种鄙视。正因为这样，残疾人往往是非常勇敢的。起初是为了自卫，后来却成了习惯。同一原因使他们比别人聪明，对缺陷更有洞察力，以便随时准备反击和报复。其次，残疾本身也预先防止了在这方面自然条件比他们优越，永远有权随心所欲地鄙视他们的人对他们的妒忌。他们天生的不利条件使竞争角逐的对手失去警惕，以为他们永无升迁的可能。

对于大智者来说，残疾反倒成了升迁的工具，成了使人飞黄腾达的条件。古时的君主（在某些国家里现在仍然如此）对太监非常信任，因为备尝鄙视的人，通常十分忠于唯一的庇护者。但是，给予他们的信任只是一些带屈辱性质的嘱咐：不是把他们当作大臣和才华出众的将军，而是叫他们充当奸细和密探。貌丑的人也是这样，由于我们已经指出的同一原因，如果他们是有魄力的人，那么，他们敢于去做一切，以摆脱鄙视，——不管是通过建立德行还是犯下罪行的途径。因此，不必感到惊讶，这些被自然欺负了的人们有时成了伟大的人物，像阿盖西劳斯、杉格尔、伊索、加斯喀都是这样，苏格拉底以及许多别的人也可以归入此列。

面　孔

〔德国〕康　德

精于城市规矩的那些同样等级的人，由于意识到自己具有优越性，就使这种意识通过长期练习成为习惯，而以固定特征刻印在他们的面孔上。

人们也与高贵的面孔相对而言来谈论粗俗的面孔。高贵的面孔无非是指带着讨好于人的优雅举止而自以为是、装腔作势。这种讨好于人只有在大城市里才能滋长出来，因为人们相互摩擦已将自己的棱角磨光了。所以那些在乡下生长和受教育的官员，当他们带着家眷被提升到城里体面职务上来时，哪怕只是与其身份相当地来见习这一职务，不仅在他们的举止上，甚至在他们的面部表情上也显示出某种粗俗。他们由于差不多只和自己的下属打交道，曾在他们的权力范围内为所欲为，所以他们的面部肌肉不具有一种柔韧性，以便在与更尊贵、更卑微或是平等的人相处时，培养出适于和他们交往，也适应于伴随这种交往的激情的神态变化。这种神态变化并不能损害什么尊严，却可以在社交中促成一种好印象。反之，精于城市规矩的那些同样等级的人，由于意识到自己具有优越性，就使这种意识通过长期练习成为习惯，而以固定特征刻印在他们的面孔上。

如果那些恭顺的人在长期机械性的祈祷仪式中受到训练，并因此似乎僵化了，他们就能在占统治地位的宗教或文化领域方面，就其所及的范围而言给整个民族带来某些国民性，这种国民性甚至以面相学的方式表现为他们的特征。值得注意的是：在希腊艺术家头脑里甚至产生过一种(神或英雄)面部形态的理想，它应当被表现得永远年轻，同时又显出摆脱一切激情的静穆(在圆雕、浮雕和凹雕中)，而不掺杂魅力在内。在希腊人的侧面像的垂直面上，眼睛的位置比依据我们的鉴赏力所应取的位置要更深陷，甚至美第奇的维纳斯也缺乏这种魅惑力。其原因也许在于：理想应当是一个确定不变的标准，所以一个从脸上凸出来，在额头下面形成一定角度的鼻子(这角度可大可小)，不会像有规律的被要求的那样，提供一个相貌的确定规则。甚至现代的希腊人，尽管他们一直具有依民族遗传性构造的身体结构，却不具有面部那种严格的侧面垂直线，这一垂直线似乎证明了作为典范的艺术品的理想性。按照这种神话的模型，双眼凹陷得较深，鼻根旁边则被阴影遮去一部分。相反，在现代人那里，这些已被看作是美的面貌，如果鼻子从眉心处(即鼻根上的凹陷处)带一点小小的起伏，就会让人觉得更美些。

智慧在成长

特　质

〔英国〕休　谟

　　美或丑如果是在我们的身体上,那么这种快乐或不快必然会转化成孤傲或谦卑。

　　各种各样的美带给我们特殊的高兴和愉快。正如丑产生痛苦一样,不论它是寓于什么主体中,也不论它是在有生物或无生物中被观察到。美或丑如果是在我们的身体上,那么这种快乐或不快必然会转化成孤傲或谦卑,因为在这种情形下,它已具备了可以产生印象和观察的一切必需条件。这些对立的感觉是和对立的情感互相关联着的。美或丑与自我——这两种情感的对象——密切地关联着。因此,无怪我们自己的美变为骄傲的对象,而丑变为谦卑的对象了。

　　容貌和体态的这种作用,不但表明骄傲和谦卑两种情感在具备了人所要求的全部条件以后才能在这种情形下发生,从而证明了这种作用还可以用作一个更有力的、更有说服力的论证。如果我们考察一下哲学或常识所提出来用以说明美和丑的差别的一切假设,我们就将发现,这些假设全部都归结到这一点上:美是部分的秩序和结构,它们由于我们天性的原始组织,或是由于习惯,或是由于爱好,适于使灵魂产生快乐和满意。这就是美的特征,并构成美与丑的全部差异,丑的自然倾向是令人产生不快。因此,快乐和痛苦不但是美和丑的必然伴随物,而且还构成它们的本质。的确,如果我们考虑到,我们所赞赏的动物的或其他对象的大部分的美是由方便和效用的观念得来的,那么我们将毫不迟疑地同意这个意见。对一种动物而言产生体力的那种体形是美的;而对另一种动物来说,表示轻捷的体形是美的。一座宫殿的式样和方便对它的美来说,正像它的单纯的形状和外观同样是必要的。同样,建筑学的规则也要求柱顶应比柱基尖细，这是因为那样的形状为我们传来一种令人愉快的安全观念，而相反的形状就使我们顾虑到危险。这种顾虑是令人不快的。根据这一类无数的例子，并由于考虑到美和机智同样是不能被定义的，而只能借着一种鉴别力或感觉被人辨识，我们就可以断言，美只是产生快乐的形象，正如丑是传来痛苦的物体部分一样。而且产生痛苦和快乐的能力既然在这种方式下成为美和丑的本质，这些性质的全部效果必然都是由感觉得来的。这些效果中主要有骄傲与谦卑，这在其全部效果中是最通常而且是最显著的。

美与实用

〔英国〕柏　克

倘若我们人类本身的美是和效用有关的话，男人就该比女人更加可爱，强壮和敏捷就该被认为是唯一的美。

猴子长得非常适合于奔跑、跳跃、抓扭和爬行，但在人类的眼里很少有动物看起来比猴子更不美了。我需要谈一谈象的鼻子，象的鼻子有着各种各样的用途，但对于象的美却不起任何作用。狼长得多么适合于奔跑和跳跃！狮子为了格斗而武装得多么好！但难道有人会因此认为象、狼和狮子是美的吗？我相信不会有人认为人的双腿是和马、狗、鹿及其他动物的腿一样适合于奔跑，至少在外形上就不是这样的，但我相信一条长得匀整的人腿在美的方面将被认为远远胜过所有这些动物的腿。倘若躯体各部分的适宜性是使它们形式可爱的因素，那么这些部分的实际使用无疑地应该大大提高这种可爱的程度，但情况却远非如此，虽然根据另一个原理，有的时候确实是这样的。鸟飞的时候不如它栖息的时候美丽。还有一些很少看到它们起飞的家禽并不因此而稍减其美。鸟类在形式上同兽类和人有着极大的不同，除非考虑到鸟类躯体各部分是为了完全不同的目的，你不可能根据适宜性的原理承认鸟类的身上有什么令人愉快的东西。

我从来没有见过孔雀起飞，但远在我考虑孔雀的形式是否适合于飞翔以前，我就被它那异常的美迷住了，它这种美使它胜过世界上许多出色的飞禽，尽管据我所见，它的生活方式很像猪的生活方式，猪就是和孔雀一起养在院子里的。公鸡和母鸡以及其他这类家禽也同样存在这种情况，它们在体形上属于飞禽类，但在行动方式上却同人类和兽类没有很大的区别。撇开这些人类以外的例子不谈，可以考虑一下：倘若我们人类自身的美是和效用有关的话，男人就该比女人更加可爱，强壮和敏捷就该被认为是唯一的美。但是用美这个名词去称呼强壮，只用一种名称去称呼几乎在一切方面都不同的女神维纳斯和大力士海格力斯所具有的品质，这必然是一种不可思议的概念混乱和名词的滥用。我猜想造成这种混乱的原因可能是因为我们时常见到人类和其他动物的躯体的一些部分既美丽又适应于它们的目的，我们受到一种诡辩的欺骗，这种诡辩将这种适应性说成是一种原因，而实际上它只是一种附着物。下面是苍蝇的诡辩：苍蝇认为自己带起了一大片尘埃，因为它站在一辆真正带起尘埃的战车上面。但实际上却是尘埃把它举起。胃、肺、肝等等器官都最适合于它们的目的，然而它们决没有什么美。此外，人们也无法从许多非常美的东西身上找到任何效用。

赏心悦目

〔美国〕艾德勒

美的享受是"找到我们门上来的"，我们并不刻意追求。

不管观赏什么，只要我们能从中得到可享受美这种超功利的或精神上的快乐，就能将休息引入我们的生活。这样，令人愉悦美这种善，就成了我们美好生活中一个必不可少的组成部分，它在于为我们提供我们大家所需要的休息。

　　总之，我们不要忘记，令人愉悦的美的休息不仅仅限于对感官物体的观赏。在观赏纯粹智性物体时，即在对我们所了解的真理的沉思中，也能得到令人愉悦的美。伯特兰·罗素曾写道："从正面的角度看，数学不仅仅占有真理，并且拥有至上的美，冰冷而严峻的美……，它不触及我们脆弱的本性，也没有绘画或音乐那种绚丽的装饰……"或者像诗人埃德娜·圣·文森特·米莱在有关欧几里得的十四行诗里开头所写的那样："只有欧几里得一个人看到了赤裸裸的美。"

　　一方面，我们考虑真理的可愉快的美，另一方面又要记住，那些有存在性完美的事物所具有的可赞赏的美不仅仅是一种特殊的善，而且是一种特殊的真。只有这样，我们最后才能对济慈所写的"美即是真，真即是美"有所理解，即使他继而写的"在世界上，你只知道这些，也只需知道这些"这句话未必是真理。

　　只有当我们将令人愉快的美以及这种美所给予我们的休息引入我们的生活，我们才能完全成功地追求到幸福。如果是这样的话，那么，为使自己过上好日子，就需要我们不论到天涯海角也要去寻求美吗？

　　我们多数人的经历证明，情况并不是这样的。美的享受是"找到我们门上来的"，我们并不刻意追求。我们去看棒球赛，参观博物馆或听音乐会，或许是希望会有那令人心醉的时刻。不过，这种情况不是经常发生的，希望有这种时刻与刻意追求是不同的。

　　在这方面，我们最多只能去某地，观看表演或一些项目比赛，给自己创造机遇。至于这种善是否能降临到我们身上，那是我们无法控制的，因为它终究是一种机遇，而不是可选择的善。

智慧在成长

旅 行 中

〔法国〕阿　兰

如果我回到一件已经见过的东西上去,这件东西果真会比一件新的东西更加打动我。

时值假期，世界上到处都是从一地赶往另一地的旅客，他们显然想在很少的时间内看到很多东西。如果是为了丰富话题，这样做再好也不过了，因为提到许多地名足佐谈资，可以占据谈话时间。但是，如果他们旅行是为了自己，为了真正看到一些东西，我就不理解他们了。人们走马观花看到的东西差别不大。一道山涧不过是一道山涧，以高速度周游世界的人，倦游回来的脑子里保存的记忆不比他出发时丰富多少。

事物的丰富多彩体现于它们的细部。观赏景物，应是浏览各个细部，在每一细部上稍作停留，然后重新用一瞥把握整体。我不知道别人能否很快做完上面这些事情，然后赶往另一个目标，我肯定做不到。里昂的居民是幸福的，因为他们每天可以朝一件美丽的东西望上一眼，比如说他们可以像欣赏挂在家里的一幅画一样欣赏圣图昂大教堂。

反之，人们参观完毕某一博物馆或某一旅游地点，事后留下的印象几乎总是一片模糊，好像一幅线条不分明的灰色画。

按我的趣味，旅行应是一次只走一两米路，不时停下来再次察看同一景物呈现的新面貌。我经常离开正道，到左边或右边小坐片刻。观察的角度一变，一切跟着变化，而得到的收益胜过走一百公里路。

如果我从一条山涧走向另一条山涧，我找到的总是同一条山涧；如果我从一块岩石走向另一块岩石，我每走一步，同一条山涧就会显示不同的面貌；如果我回到一件已经见过的东西上去，这件东西果真会比一件新的东西更加打动

我，而且它确实变成一件新的东西了。问题仅在于选择一种丰富多彩的景色，以免因为习以为常而无动于衷。不过应该进一步说，随着人们学会更好地观察事物，平淡无奇的景色也会蕴藏无穷的快乐。再进一步说，无论在什么地方，人们都可以看到星空，这个美丽的深渊。

真正的女性美

〔日〕池田大作

只要充分发挥生命中原有的力量，就能具有超越时代、超越年龄的真正的美。

若问生命自身的美是从哪里来的，我想，它来自许多方面，比如：富有女人味的温柔和纯真、在广博的教育中形成的才智、认定正确的事情就决不退让半步的坚定信念，还有健康、幸福等等。

美绝没有固定的模式。那种人工的假面式的装饰，非但不美，反而更丑。一个人若充分发挥自己天生的特性，并加以提高，他特有的美就会自然地显示出来，而且会更加精致。

在人的一切举止中都包含着美。年轻人身上有生气勃勃的美，精神焕发的健康体魄也很美。打个比方说，年轻人的美就像春天，而在老人身上，美具有秋天素雅淡泊的韵味。总之，可以说，所有人类孜孜不倦的建设都是美的，而消极懒惰是丑陋的。佛学有一句名言，叫"自体显照"，我想：只要充分发挥生命中原有的力量，一个人就能具有超越时代、超越年龄的真正的美。

许多人认为，美人和青春有着不可分离的关系，再漂亮的女人，只要上了年纪，就不能称之为美人了，这是个常识。但是，所谓女人的美，当然是不同的，有十几岁的美，有三十几岁的美，也有五十几岁的美。如果你要求五十多

智慧在成长

187

岁的女性具有二十岁时的美，你就会认为老年是丑陋的。而如果你认识到，与各自的年龄相应，每个时期都有不同的美，你就会明白，正是那些年龄越大，内在美的光辉越灿烂的女人，才能称作真正的美人。知道什么是适合自己的美，并让它充分显示出来，这不正是女性必要的修养重点吗？

所谓美也是在与丑的对比中才显示出来的。丑就包含在"生活是痛苦"的思想中，包含在相互对立、憎恶的动物性情感中。战争也好，对立的哲学也好，都是这样产生的。有些人随便批评攻击他人，自以为老子天下第一，这时他是最丑的。有些女人因为吃醋攻击别人的弱点，揭开别人的疮疤，或者对小广播之类特别起劲，这种女人是最丑的。真正的美包含在"生产就是欢乐"的思想中，包含在富有人性的积极情感中。无论对自然，还是对人，你都十分谦虚、十分尊重，并怀着善意理解对方，这时你就有了美。只要热情地唤起人类共同的深厚情感，你就能创造出这样的美，好好培育这样的美，它就会变成崇高。

心　底

〔印度〕克利希那穆尔提

赋予外在的形式、运动以雅致和一种特别的优美的是心灵深处的美。

你们这些女孩、男孩和老人正在向自己提出这个问题：美是什么？服装的干净、整洁、一个微笑、一种优雅的姿态、走路的节奏、插在头发上的一朵花、好的风度、演讲的清晰、有创见的思想、能体谅别人、遵守时间——所有这一切都是美的一部分。但它们又仅仅是在表面上，难道不是吗？那么，所有存在的事物都会变成美的事物吗？或者，是否有更深刻一些的事物呢？

有形式的美、图样的美、生命的美。当一棵树枝叶茂盛时，你注意到它的可爱形状，或注意到一棵倚天独立的树的奇特精致吗？看到这样的事物是美的，但它们都是更深的事物的肤浅表象。那么我们所谓的美又是什么呢？

你可以有一张漂亮的脸蛋，一张刮得很干净的脸，你可以穿着很得体并使姿态变得优雅，你可以很好地画出或描写景色的优美，但若是没有心灵深处的良好德性，所有美的外在装饰都只能引导出一种非常肤浅的、老于世故的生命，一种没有更大意义的生命。

因此我们必须弄清楚真正的美是什么，难道这不是必需的吗?请你注意，我并不是在说我们应该避免美的外在表现。我们都必须有好的风度，我们确实要穿着干净和得体，并不是为了出风头。我们必须遵守时间，保持头脑清晰。这些事情是必需的，而且它们造成了一种令人愉快的气氛。但是，依靠它们自身，它们是没有更大意义的。

赋予外在的形式、运动以雅致和一种特别的优美的是心灵深处的美。但是，这种缺少人的生命就会变得非常浅薄的心灵深处的美是什么呢?你是否曾想过这一点?可能没有。你太忙，你的精神已被学习，被互相之间的游戏、谈话、开玩笑和戏弄占据了。但是，正确教育的作用之一就是帮助你去发现什么是心灵深处的美，没有它，外在的形式与运动将毫无意义。而美的这种深刻鉴赏是你自己生命的一个必不可少的部分。

一种浅薄的精神能欣赏美吗?它可以谈论美，但它能体验到观看一些真正可爱的事物时所涌现出的巨大快乐吗?当精神仅仅是关心它自己以及自身所拥有的活动时，它不是美的。无论它做什么，它都是丑的和有限的，因此，它不具有认识美是什么的能力。反之，一种不关心自己并摆脱了野心的精神，一种没有陷入自身拥有的愿望或被自身拥有的对成功的追求所驾驭的精神——这样一种精神才是不浅薄的，而且它能在良好的德性中成熟。

智慧在成长

美，在你的心中

〔苏联〕苏霍姆林斯基

愿你在美的面前叹为观止，到那时，你心中的美德也会焕发出光彩。

世界上不仅存在着人们需要的、有益的事物，而且也存在着美好的事物。从人成为人的时候起，从人观赏美丽的花瓣和晚霞并被深深吸引的时候起，他就开始审视他自己。美已经为人所了解。

美是一种深刻的、只有人才能理解的东西，它不以我们的思想和意志为转移，但人可以发现美、认识美。美就在人的心中。没有人的意识，就不可能有美的存在。人的意识不仅反映客观世界，并且创造客观世界。

美就是我们生活中的欢乐。人之所以为人，是因为他能看到深奥的蓝色的天空、群星的闪烁、晚霞泛起绯红色的余晖、一望无垠的草原上的薄雾、刮风天之前的血红晚霞、地平线上若隐若现的海市蜃楼、三月积雪中倒映的青色暗影、蔚蓝色天空中飞行的仙鹤、清晨万千露珠中反射出来的阳光、阴霾的天空中铅灰色的烟雨、丁香丛中的紫色云彩、娇嫩的草茎和早春雪化时开花的风铃草，人看到这一切，由于对美的惊奇，他们开始到各处创造新的美。愿你在美的面前叹为观止，到那时，你心中的美德也会焕发出光彩。人的面前之所以展现出生活的欢乐，就因为他听到树叶的沙沙声和虫儿的鸣叫声，欢乐小溪的淙淙声和夏日空中云雀的银铃般的鸣啭声，雪花飘落时的轻微沙沙声和窗外狂风悲惨的呼号声，波浪轻柔的拍溅声和夜间深沉的静谧——他屏息倾听着这千百年来充满生机的奇妙乐章。你也要善于倾听这种乐章。珍惜美吧，保护美吧。

忘我地劳动吧，假如你想成为一个美好的人。你的劳动应使你感到自己是所爱事业的创造者、能工巧匠和主人；你的劳动应使你的目光反映出人类的伟

大幸福——富有创造性的幸福和崇高精神。外貌应当来源于内在道德美。爱好创造性劳动会使人的外貌增添光彩，使面容显得更清秀、更富有表情。

美是培养心灵敏感的强有力手段。这是一个高度，你从这个高度可以看到没有对美好事物的理解和感受，没有欢乐和崇高精神永远也看不到的东西。美是照耀世界的灿烂之光，有了它你能看到真理和善良，依靠它你会体验到忠诚献身和毫不妥协的精神，美能教育你认清邪恶并与之斗争。我将美称为心灵的健身体操——它可以矫正我们的精神、良心、情感和信念。美是一面镜子，你在这面镜子里可以照见你自己，从而让自己产生这样或那样的改变。

品德的标记

〔美国〕爱默生

一切自然界的活动都是优美的，一切英雄行为也都合乎人情，并且能使行为发生的地点与旁观者感到光荣。

不同于女人的柔弱之美，高尚神圣的美是和人类的意志相配合的。"美"是上帝为品德规定的标记。一切自然界的活动都是优美的，一切英雄行为也都合乎人情，并且能使行为发生的地点与旁观者感到光荣。伟大的行动教导我们，宇宙是生活于其中的每个人的财产。每个有理性的人把万物当作他的财富与祖业。如果他愿意，那就是他的。他可以放弃他的财富，也可以像大多数人那样躲在一角，舍弃他的王国，但活在世上却是他固有的权利。按照自己的思想与意志，他把世界看成是属于自己的。

萨勒斯特曾经说："凡人们为其耕耘，为其建造或为其航行之物，无一不以美为准则。"吉本曾经说："风流永远站在最能干的航海家一边。"天上的日月星辰又何尝不是这样。当一个高尚的行动发生的时候——也许发生在自然界

智慧在成长

美景如画的地方。当利奥尼达斯率300勇士一日间英勇牺牲，从而惊动了陡峭的塞尔默峡谷上空的太阳与月亮的时候；当阿诺德·温克尔里德在雪崩爆发的阿尔卑斯山，为了替自己的同伴们突破奥军防线而身中无数矛枪的时候。难道不值得在这些英雄们壮烈的事迹上添加几笔对美景的描绘吗？当哥伦布的帆船驶近美洲海岸的时候——前面是从小茅屋里逃出来的成队的野人，后面是大海，周围是印第安群岛上被日光染成紫色的山峦。我们能将人和活生生的背景拆开吗？美洲大陆的棕榈林和大草原难道不是替他穿上了一件合身的盛装吗？大自然的美总是像空气一样偷偷地溜进伟大的行动之中。当亨利文爵士因拥护英国的法律坐着雪橇被拉上塔山处死的时候，围观者之一对他喊道："这是你一生中最光荣的宝座呀！"查理二世为恫吓伦敦市民，让爱国志士拉塞尔勋爵在去断头台的一路上乘坐敞篷马车穿过市内主要街道。"但是，"他的传记作家写道，"群众所幻想的却是：他们看到自由与美德正坐在烈士身边。"不论在幽僻的地方，还是在破烂不堪的物件之中，坚持真理或英雄主义的行动似乎可以立即使天空变成它的庙宇，使太阳变成它的香烛。

一个人的思想只要与大自然同样伟大，大自然就会伸出她的臂膀拥抱他。大自然会欣然在他的征途上撒下玫瑰与紫罗兰，并以她的宏伟与优美打扮她的骄子。

内心视觉所见

〔古罗马〕普洛丁

无论任何人，如果有心观照神和美，都应让自己是神圣的和美的。

内心视觉能见到什么呢？初醒之时，它还不能正视光辉灿烂的东西，所以首先你必须使心灵习惯于去看美的事业，然后去看美的行为，不是各种艺术的创作，而是善良人们的行为，然后去看立德立功者的心灵。

　　然而怎样才能看到善良心灵的美呢?试转回到你自身去看吧。如果你从自身看不出美来。那么就像雕刻家要创造一座非美不可的雕像那样，他凿之，削之，琢之，磨之，直到雕像上显出美的面貌。同样，你在塑造你自己的雕像时，也应该将多者去之，曲者直之，污者洁之，务使它光辉夺目，不见它放射出神圣的美德光辉，不见这贞洁的化身巍然安坐在纯洁的宝座上，你绝不罢手。倘若你已经变成这种雕像而且你又看见它。倘若你已经同自己结成纯洁的一体，毫无障碍地达到这种境界，又不曾在你身上沾染纤尘，而你已经浑然化成了那唯一的真光，它的宏伟不可测量，它的形体不可增减，它纯然是无穷无尽的，仿佛大过一切尺度，多过一切量的光辉——倘若你看见自己变成了这种光辉，你就会立刻变成你所见的景象，只要你相信自己，而你虽然身在尘世，其实已经升到上界，无需任何引路人，只要你凝神注视与观照。因为只有这种眼睛，才能观照那伟大的美。但是如果这眼睛被蒙上罪恶的秽垢，不曾经过洗涤便去观照，或者是软弱无力，不能注视那些强烈的光芒，即使有人把可见的美摆在面前，它还是视而不见。因为必须使视觉主体近似或符合于视觉对象之后才能够观照。如果眼睛还没有变得合乎太阳，它就看不见太阳；如果心灵还没有变得美，它就看不见美。所以，无论任何人，如果有心观照神和美，都应让自己是神圣的和美的。在上升之时，他首先要达到理性，看到在理性里一切理念都是美的，他断定美就在那儿，在理念里。因为一切事物之所以美，是由于理念。而理念是由理性的本质产生。在美的后面，我们称之为善的自然，美在善的前面。总而言之，美是在前列。如果将理性认识加以分类，就要区别理性的美和善。美是理念所在的地方，善在美的后面，是美的源泉。否则，如果不是把美放在理性认识里，就得首先将善和美摆在同一列。

青少年智慧人生丛书

随　感

〔古希腊〕德谟克利特

　　称赞那不应称赞的和斥责那不应斥责的，都很容易，但两者都表示着一种坏的品格。

　　一位诗人以热情并在神圣的灵感之下所作的一切诗句，当然是美的。

　　荷马，赋有神圣的天才，曾作成了一批惊人的各种各样的诗。

　　快乐和不适构成了那"应该做或不应该做的事"的标准。

　　应该做好人或仿效好人。

　　只有天赋很好的人能够认识并热心追求美的事物。

　　赞美好事是好的，对坏事加以赞美是骗子和奸诈的行为。

　　追求美而不亵渎美，这种爱是正当的。

　　摹仿坏人而不愿摹仿好人，是很恶劣的。

　　身体的美若不与聪明才智相结合就是某种动物的东西。

　　永远创造美，是神圣心灵的标志。

　　在许多重要的事情上，我们是摹仿禽兽，做禽兽的学生的。从蜘蛛那儿我们学了织布和缝补；从燕子那儿我们学会了造房子；从天鹅和黄莺等歌唱的那儿我们学会了唱歌。

　　一篇美好的言辞并不能抹煞一个坏的行为，而一个好的行为也不能为诽谤所玷污。

　　如果儿童让自己随心所欲而不去劳动，他们就学不会文学，也学不会音乐，也学不会体育，也学不会那保证道德达到最高峰的礼仪。礼仪其实是由这一切共同产生出来的。

快乐和不适决定了有利与有害之间的界限。

称赞那不应称赞的和斥责那不应斥责的，都很容易，但两者都表示着一种坏的品格。

大的快乐来自于对美的作品的瞻仰。

那些玩偶穿戴和装饰得很华丽，但是，可惜！它们是没有心的。

动物只要求为它生存所必需的东西，反之，人则要求超过这个。

不应该追求一切凡庸的快乐，应该只追求高尚的快乐。

身体的有力和美是青年的好处，至于智慧的美则是老年所特有的财产。

永生的美

〔黎巴嫩〕纪伯伦

美不是一种需要，只是一种欢乐。

于是一位诗人说："请给我们谈美。"

他回答说：

"你到那里追求美，除了她自己作了你的道路，引导着你之外，你如何能找着她呢？"

除了她作你的言语的编造者之外，你如何能谈论她呢？

冤抑的、受伤的人说："美是仁爱的、柔和的，如同一位年轻的母亲，在她自己的光荣中半含着羞涩，在我们中间行走。"

热情的人说："不，美是一种全能的可畏的东西。暴风般，撼摇了上天下地。"

疲乏的、忧苦的人说："美是温柔的微语，在我们心灵中说话。"她的声音传达到我们的寂静中，如同微晕的光，在阴影的恐惧中颤动。"

烦躁的人却说："我们听见她在万山中呼号，与她的呼声俱来的，有兽蹄

智慧在成长

195

之声、振翼之音，与狮子之吼。"

夜里守城的人说："美要与晨光从东方一同升起。"

在日中的时候，工人和旅客说："我们曾看见她凭倚在落日的窗户上俯视大地。"

在冬日，扫雪的人说："她要和春天一同来临，跳跃到山峰之上。"

在夏日的炎热里，农夫说："我们曾看见她与秋叶一同跳舞，我们也看见她的秀发中有一堆白雪。"

这些都是他们关于美的谈话，

实际上，你却不是在谈她，只是在谈着你那未曾满足的需要。

美不是一种需要，只是一种欢乐。

她不是干渴的口，也不是伸出的空虚的手。

她是火热的心、陶醉的灵魂。

她不是那你能看到的形象，能听到的歌声。

却是你虽闭目时也能看见的形象，虽掩耳时也能听见的歌声。

她不是犁痕下树皮中的液汁，也不是蜷缩在兽爪间的禽鸟。

她是一座永远开花的花园，一群永远飞翔的天使。

阿法利斯的民众啊，在生命揭露圣洁的面纱时候的美，就是生命。但你就是生命，你也是面纱。

美是永生揽镜自照。

但你就是永生，你也是镜子。

缪斯,在月桂丛中

要想逃避这个世界,没有比艺术更可靠的途径;要想同世界结合,也没有比艺术更可靠的途径。

——歌　德

智慧在成长

197

年轻的女子

〔日本〕川端康成

优秀的艺术家,同我所认识的爱好文学的少女,是存在着根本的不同的。

年轻女子带来的小说中,自传性的作品居多。一般说来,妇女都是先以描写自己作为文学生活的起点。我读了这些作品,第一印象是:要真正述说自我,就是说要很好地了解自我,彻底地辨别自我,这是多么困难的事啊。

我把作为作者的她,同作品中的她相对照,简直无法相信二者是同一个人物。这女子是这样认识自己的吗?这是意外的印象,我为之所动。人虽不可貌相,可她也过分扭曲地看待自己了。在明显的情况下,纵令她的小说将自己写成是一个乐观开朗的人,而我得到的印象却是:她很悲惨。她像个胆小的天使,却在小说里把自己描绘成大胆的妖魔,把自己平凡的嘴唇描写成充满魅力的柔唇。如果说从女人的虚荣心出发,在文学作品中进行一番自我打扮那还算好,可是在许多情况下,她似乎确信她自己具备情人所说的一切。换句话说,在看待自我的时候,她不用自己的目光。

当然,对于自古以来的大诗人来说,恋爱就是一种情人眼里出西施的错觉。诗人们与他们的不值一提的情人们都已经从这块土地上消失,只留下美好的作品,对于他们和我们所有读者来说,这是无尚的荣幸。让读者看到文学作品的模特儿,很少有读者会不感到幻灭。依作者的看法,把情人艺术化了的作品,无非就是梦想家热情的错觉造成的悲剧。但是,优秀的艺术家同我所认识的爱好文学的少女之间存在着根本的不同。他们用自己的眼光观察少女,而少女却用他人的眼光看她自己。

常言道,丑妇和处女只了解一半人生。相反要说美女和主妇也只了解一半人生,这倒也是事实吧。一般来说,男性文学家即使没有经历过人间的辛酸,仅凭在书斋里的辛勤笔耕，随着年龄的增长也能逐步了解自己。女性文学家却没有经历过人世间的辛酸，就不能了解自己。能够在作品中将自己的心绪表现出来的女性文学家，大体仅限于那些有好几个情人的女子。也就是说，得用几个情人的眼光观察自己之后才行，不然，女子光凭自己的眼光似乎是不可能看清自己的。

今天，文学爱好者大半是年轻的女性，她们爱好轻浮的文学，在文学前进的道路上筑起了巨大的屏障，这也许是让人无可奈何的事。

房间里的天使

〔英国〕伍尔芙

她的纯洁被看作是她主要的美——她的羞涩、她的无比的优雅。

如果餐桌上有一只鸡，她选的就是脚；如果屋里有穿堂风，她就坐在那儿挡着。总之，她就是这样一个人，没有她自己的愿望，从没想到过自己。更重要的是——我无需多说——她极其纯洁。她的纯洁被看作是她主要的美——她的羞涩、她的无比的优雅。在那些日子里——维多利亚女王的最后时期——每一幢房子都有它的天使。当我要写作时，我在最初的一个字眼里就碰上了她。她翅膀的影子落到我的稿纸上，我能听到房间里她裙子的拖曳声。也就是说，一等我把笔拿在手上，去评说那部由一个有名的男人写的小说时，她就款步来到我身后，轻轻地耳语道："我亲爱的，你是个年轻的女人，你是在评论一部由一个男人写的书。请多点儿同情心，温柔些，哪怕谄媚和欺骗也罢，要用上女性所有的技巧和诡计。千万别让人猜测出你有一颗自己的心灵。而更重要的是，要纯洁。"

她似乎要引导我的笔端。我现在所记叙的是一个我将它归功于己的行为，虽然这功绩正确地说该是属于我的某位杰出的祖先，他给我留下了一定数量的

金钱——可否说是每年500镑呢?——这样，我就无需为了我的生活只能去依赖我容貌的魅力了。我转而攻击她，抓住她的喉咙，尽我全力去杀死她。我的借口是：如果我将被押到法庭上，就说我是在进行正当防卫。如果我不杀她，她就会杀死我，她就会挖出我那写作的心脏。因为，如我发现的，一旦我将笔端触到纸上，如果没有自己的思想，没有去表现自己认为是人类关系、道德及性的真谛那些东西，我就无法去评论哪怕是一部小说。而所有这些问题，按照那房间天使的看法，不能由女人百无禁忌地和公开地进行阐释和回答。她必须妩媚可爱，必须能讨人欢心，必须——说得粗鲁些，说谎，如果她想成功的话。所以，不管什么时候，当我感到我的书页上有了她翅膀的阴影或者她的光晕，我就会拿起墨水瓶向着她扔去。她死得很艰难，她那虚构的性质对她有着极大的帮助。要杀死一个幽灵远比杀死一个真人更为困难。在我认为我已经处死了她后，她总是悄悄地溜回来。虽然我奉承自己最终总算杀死了她，但是这搏斗却是剧烈的，花费了大量的时间。这时间本来最好还是花在学希腊语语法，或者花在漫游世界寻求冒险上。但这是一种真实的体验，一种必定要降临在那个时代的女性作家身上的体验。杀死这房间里的天使是一个女作家的一部分工作。

我的见解

〔法国〕蒙　田

我的思考力和判断力摸索着它们的路径,蹒跚着、蹉跎着、颠踬着。

我从没有和任何内容充实的书籍打过更多的交道，除了蒲鲁达克和洗尼卡，我从他们那里汲取营养，正如那些女水神一样，不断地把水斟满又倾泻出来。我把其中某些知识强记在纸上，又能获取多少呢?几乎等于零。

历史是我的猎物，还有我特别爱好的诗。因为，克兰特说得好，正如声音

智慧在成长

通过喇叭口传出来就显得更洪亮更尖锐。同样，我觉得，思想集中在诗的和谐节奏里，吟诵出来也更轻快，更能摇撼我的心灵。至于我在这里所尝试的我的天赋才力，我感觉到它们如同负重而向下弯曲。我的思考力和判断力摸索它们的路径，蹒跚着、蹉跎着、颠踬着。当我走到我力所能及的尽头，我依然丝毫不感到满足。我依然看见更远处的风景，不过夜色那么昏暗模糊，我认不清那是什么。当我不分青红皂白地谈论任何进入我思想领域里的东西，在那里面运用我自己的天然资源，如果我偶然 (这于我是常有的事) 凑巧在一些名作家那里碰见我所讨论的题材，比如我刚才在蒲鲁达克那儿所碰见的 (在那里他谈及"想象的力量")。当我看见自己和这些人比起来显得那么软弱和渺小，那么愚鲁和笨重，我不禁怜悯和蔑视自己。

可是我也沾沾自喜于我的见解常常很荣幸地能和他们的见解相吻合。但同时我又有着这样一个优点 (这并非每个人都能有的)，那就是我认识到我与他们之间的巨大距离。可是我仍任我的意念在我这卑微可怜的形体里奔突，而不去粉饰、掩盖我这显然弱于人的知识。

一个人想和那些大人物并肩而行需要有硬朗的腰身。我们现代许多轻率的作家，为了获得声誉，不惜在他们那些毫无价值的作品里搬用古代作家整段整段的文章。他们的做法和我正相反。因为这些古代作家的无限光彩使得这些轻率者的面目反而显得黯淡、浅薄、丑怪，他们确实得不偿失。

这里是两种相反的癖好：哲学家克里西蒲把别的作家的东西一整段一整段地或是全篇掺入自己的书稿里：比如其中一本就是全部抄自欧里披德的《美狄亚》，以致亚坡罗多露说如果你把其中非出自他本人之手的材料全删去，就只剩下一张白纸了；反之，伊壁鸠鲁在他所留下的 300 部著作中，一句别人的话也没有插进去。

文学生涯

〔印度〕泰戈尔

绽放是花儿的最高荣誉。爱花的人是胜利者,花儿的胜利在于盛开。

我起初采用不合规范的韵律狂飙般地创作参差不齐的诗句,靠杂乱幼稚的词汇堆砌、抒发飘忽的情思。这种悖逆诗学的倾向是从孤独少年的骨髓里培养出来的,里面蕴藏着大量危险。但我并未因此而夭折。原因是当时孟加拉文坛的名誉市场不太拥挤,竞争尚未达到白热化的程度。批评家手执板子,进行不客气的恼人的敲打,但文苑里冷嘲热讽、诋毁中伤的火焰还没有燃烧起来。

为数不多的文学家中间,我年纪最小,文化程度最低。我写的诗歌不受格律限制,不明确的字眼使内容显得晦涩,处处露出语言和构思的不成熟。文学家们的讲话、文章里几乎从不对我加以扶植,谈到我往往是含糊其辞地说一两句,随后一笑了之。那绝不含贬意,绝不是贬损贸易的一部分。他们的评论文章中有训导,而无丝毫的不尊重。某些段落流露出不悦,但绝无厌恶情绪。所以虽说缺乏鼓励,我仍可不落窠臼,沿着自己的路子写下去。

文学生涯的第一阶段就是这样默默无闻地轻松度过的。我一直处在自然的厚爱和亲人的爱护的凉荫里。有时无事可做,爬上三楼凉台,在心里编织琪花花环;有时坐在卡吉普尔一株老楝树下,谛听井水凄清地流入果园,将奇妙的思绪融入想象,送到不远的恒河水流里漂放。那些日子我不认为只有走上宽阔的街道,自己心灵的光影才有可能被他人心灵的胳膊肘碰撞。

后来,名气将我拽入袒露无遗的晌午的阳光下,气温越来越高,屋隅里我的安乐窝终于被彻底毁灭了。大概是天命吧,驰誉文坛的同时,我得到的烦恼比其他名人多得多。没有第二个文学家像我似的忍受了那么冷酷、那么长久、那么肆无忌惮、那么不可抵挡的风言风语。然而,这也是衡量我名誉的尺度。

智慧在成长

我敢说，不利环境的考验中，命运捉弄了我，但并没有以失败的沮丧羞辱我。此外，煞星垂挂的黑幕上，明晰地闪现了我友人的温和面孔，他们人数不少。

果实即将从茎梗脱落的季节，已经进入我的生活。完全接受这个季节，需要外界和内心的宁谧。而这样的宁谧每每在荣辱得失的矛盾中遭到破坏。

诗人的创造若是真实，那么真实的光荣寓于创造之中，而不在人们的首肯之中。作品不被人接受是常有的事，尽管那样会影响书市的利润，但它不会降低书籍真实的价值。

谁是忠实伴侣

〔德国〕维歇特

我们曾经吟诵着这些诗,把我们心中的困惑不解和没有得到的答复,唱给那些伟大的反叛者。

每当我被问及这个题目时，我总爱这样说：在我的整个一生中，即便是在最黑暗迷惘的路途上，我只需伸出手来，就可以找到一个隐去身形伴我同行的人。我从未被遗弃过。无论我的故园——在尘世中的同在精神中的一样——如何简陋，多么贫穷，在我上路的时候，它总能赐给我一贫如洗的人也能给予其孩子的东西：这就是上帝这个完整的词。我的学校无论怎样无力顾及我的灵魂，它总能赠给我一件礼物。也许学校把这件赠物仅仅看作一件精神礼品，然而对于我如饥似渴的心来说，这件赠物却化作一份食之不尽的佳肴：这就是诗人这个词。尽管我得到的并非全部作品和所有诗人，但却是获得这一切的准备条件，是打开圣殿大门的钥匙。也许留待我来完成的事情就是：我究竟是将这把钥匙扔进深渊里去呢，还是用它打开圣地之门。无论在我可怜的青年时代，在我未加选择的交往中，我痛失了多少东西，但是通往"恐怖的天使们"之路却没有

对我关闭。在贝多芬、舒伯特或沃尔夫的作品中，那些祖露无遗的东西，是任何一种其他艺术都无法企及或根本就无法支配的。这些可怕的天使们谈论起这些东西来，显得那等应付裕如。

　　近年来，我那不断乞求，或者说不断索求的生活逐渐地在向一种感谢转变，在这些年中我有时也力图倾诉这种报恩之心。在我的诸多忠实伴侣中，诗歌并非最微不足道的一个。虽然我的诗随着我本人的变化而发生变化，那些赞美洞察一切的主的诗句，也像儿时的鞋一样留了下来，现在穿上这双鞋可就站不稳了。那些牢骚满腹的诗，犹如困在荒凉的房子和花园中的小孩子自言自语哼唱的歌，曾在黑暗的岁月中慰抚我们的心灵，而如今也逐渐销声匿迹了（不过歌声停止后的寂静使墙壁树梢显得更加阴森可怖）。就连那些安抚和讥讽的诗也听不到了。我们曾经吟诵着这些诗，把我们心中的困惑不解和没有得到的答复，唱给那些伟大的反叛者，以求他们设身处地了解我们，或者说，起码得到他们的庇护。这些诗被我们唱了这样长的时间，一直唱到我们在施托姆的作品中发现了这震撼人心的诗句：

　　"你为何这样喋喋不休？你可知道我在睡觉！"

好　诗

〔意大利〕马佐尼

　　诗人在做诗时应该努力使普通人和有学问的人对他的作品都满意。

　　如果认为只有普通人都能懂的诗才是好诗，必然的结论就会是：在意大利，普通人既然不懂希腊拉丁文，如果有人用希腊拉丁文写诗，不管他如何聪明，也就不配称作诗人，这样就必须承认荷马和维吉尔在他们的史诗里都不再是诗人了，因为普通人是千真万确地读不懂这些史诗的。如果维吉尔和荷马还算是诗人，而且还算是顶好的诗人，我们就不得不承认好诗依然是好诗，尽管没有文化教养的普通人不懂它。这个道理西塞罗是懂得的，在谈诗人和修辞家的分别时，他写过这样一段话："就连德谟斯梯尼也说不出据说是诗人克鲁修斯所说过的话。"有一次他在一个群众集会上朗诵你们都熟悉的他的那部大诗，在场的人全都溜走了，只剩下柏拉图。他说："不管怎样，我还是要读下去，因为对我来说，一个柏拉图抵得上所有其余的人。"他说得对，因为一首诗该留给少数知音去赞赏，但是一篇通俗的演讲却应使大众都听得懂。

所以我认为诗人不应在他的作品里放些猥琐的胡乱思想，像我的论敌们所想的那样，但是如果他一味艰深晦涩，他也不能使大众得到快感。诗人应该考虑到这一点，如果说诗中所写的应该是可信的，所谓"可信"，确实是对于一般大众而言。我想这个问题可以用普路塔克解决另一有趣的争论 (筵席上的谈话应该适应有学问的人还是适应无知识的人) 时所用的鹤与狐的寓言来解决。普路塔克说明了，如果筵席上的谈话只适应无知的人们，那就会变成一场琐屑空洞的胡扯，有教养的人从这里得不到乐趣，他们就好比仙鹤被狐狸逼着要用尖嘴去吃泼在桌面上的流汁食品。但是另一方面他也说明了，如果谈话中学术气息太浓，只有高明的有知识的人能懂，普通人从这里得到的益处不多，乐趣更少，他们也就好比狐狸被仙鹤邀请从花瓶口里啄食，颈和嘴伸不进瓶口，吃不到任何东西。所以普路塔克的结论是：最好的调解办法是走中间道路，使两种客人对谈话都能心满意足。应用到我们的问题上来，我们也可以说，诗人在做诗时应该努力使普通人和有学问的人对他的作品都满意。诗人要想做到这一点，如果我想的不错，在构思全篇时他一方面应小心谨慎，要保证普通人都能懂他的作品，另一方面也应从各派哲学家们那里听取一些高明的思想，来点缀作品的某些部分，使比较高明的人也能得到乐趣。

才 艺

〔古罗马〕贺拉斯

　　我决不愿仿效这样的工匠，正如我不愿意我的鼻子是歪的，纵然我的黑眸乌发受到赞赏。

　　如果画家作了这样一幅画像：上面是个美女的头，长在马颈上，四肢是由各种动物的肢体拼凑起来的，四肢上又覆盖着各色羽毛，下面长着一条又黑又丑的鱼尾巴，朋友们，如果你们有缘看见这幅图画，能不捧腹大笑吗？皮索啊，请你相信我，有的书就像这种画，书中的形象就如病人的梦魇，是胡乱构成的，头和脚可以属于不同的族类。但是，你们也许会说："画家和诗人一向都有大胆创造的权利。"不错，我知道，我们的诗人要求有这种权利，同时也给予别人这种权利，但是不能因此就允许把野性的和驯服的结合起来，把蟒蛇和飞鸟、羔羊和猛虎，交配到一起。

　　有些作品开始时很庄严，给人以很大的希望，但是接着总会出现一两段绚烂的描写，如写狄安娜的林泉和神坛，或写溪流在美好的田野里蜿蜒回漾，或写莱茵河，或写彩虹，五彩缤纷，但是摆在这里，很不相称。也许你会画柏树吧，但是人家出钱请你画一个人从船只的残骸中绝望地泅水逃生的图画，那你会画柏树又有什么用呢？开始的时候想制作酒瓮，可是为什么旋车一转动，却做出了一个水罐？总之，不论做什么，至少要做到统一、一致。

　　我们大多数诗人所理解的"恰到好处"实际上是假象。他们努力想写得简短，写出来却很晦涩；追求平易，但在筋骨、魄力方面又有欠缺；想要写得宏伟，而结果却变成臃肿；（也有人）要安全，过分怕风险，结果在地上爬行。在一个题目上乱翻花样，就像在树林里画上海豚，在海浪上画只野猪。如果你

智慧在成长

不懂得 (写作的) 艺术，那么你想避免某种错误，反而会犯另一种过失。

在艾米留斯学校附近的那些铜像作坊里，最劣等的工匠也会把人像上的指甲、鬈发雕得纤微毕肖，但是作品的总效果却很不成功，因为他不懂得怎样表现整体。如果我想创作一些东西的话，我决不愿仿效这样的工匠，正如我不愿意我的鼻子是歪的，纵然我的黑眸乌发受到赞赏。

你们从事写作的人，在选材的时候，务必选你们力能胜任的题材，多多斟酌一下哪些是力所能及的，哪些是力所不及的。假如你选择的事件是在能力范围之内，自然就会文辞流畅，条理分明。谈到条理，如果我没有弄错的话，它的优点和美就在于作者在写作预定要写的诗篇时能说此时此地应该说的话，把不需要说的话暂时搁一搁不要说，要有所取舍。

诗　情

〔意大利〕薄伽丘

它迫使灵魂渴望吐露自己，它产生精神上奇异而又前所未闻的创造。

无知小人们所抛弃的诗，是一种热情而又精细的创作，通过语言和写作，热情地表现了精神所完成的创作。它导源于上帝的胸怀，而且我发现，极少数人的灵魂具有这种天赋。这是如此值得惊叹的天赋，所以真正的诗人总是极罕见的人。这种写诗的热情，从其效果来说，是崇高的：它迫使灵魂渴望着吐露自己，它产生精神上奇异而又前所未闻的创造，它给予这些沉思冥想以固定的秩序，使词语和思想之间有了不平常的交织，并从而装饰整个结构。它就是这样将真理隐藏到虚构的美好之中与合身的外衣下面。还有，倘若在某些情况下，创作有这样的要求的话，它就能够武装君王们，将他们导向战争，使整个舰队从其停泊的场所驶入海洋，不仅如此，它还能够摹写天空、大陆和海洋，用华

丽的花冠装饰年轻的妇女们，描绘人类性格的不同方面，唤起懒人，激发蠢徒，约束莽汉，说服罪犯，以至用适当的美辞显扬卓越的人们。这些，以及其他类似的许多方面，都是诗的效果。但是倘若任何人空有写诗的热情，却不能十分完满地用诗发挥这里所说的功用，照我看来，他还不是一位值得颂扬的诗人。因为诗的冲动不管多么深入地激荡着心灵，但如果缺乏表达思想所必需的某些手段，那么还是很少会完成任何值得赞赏的东西——我的意思是，例如语法和修辞的一些规则之类，具有这方面的丰富知识还是必要的。我承认许多人已经用他们的祖国语言出色地写作，也确实已完成了诗所当有的一二种不同的职责。但是，除此之外，至少还须懂得关于道德和自然的其他学问的一些原则，掌握丰富有力的词汇，观察古人的纪念碑和遗物，熟记各民族的历史，熟悉各处的海、陆、河、山的地理情况。

还有，退隐的场合，自然本身可爱的制作，它们的有利于诗，正不下于对精神的宁静和世间荣誉的追求。生命中感情热烈的阶段，也时常是十分有利于诗的。假如缺乏这些条件，创造性天才所具有的能力时常会变得迟钝和呆木。

世界诗人

〔英国〕卡莱尔

十全十美的诗人是没有的！可以说所有人的心中都有诗的成分，可没有一个人完全是由诗构成的。

"瞧那田里的百合花，它们不用辛劳，也不用编织，可是所罗门就是穿上盛装也比不上一朵百合花。"真是一眼就看到了美的最深处。"田野里的百合花"，——比那些世俗的帝王要好看得多，但却是生长在卑微的田地里。那是一双美丽的眼睛在注视着你，它出自内在美的大海洋！倘若大地的本质像其外表一样看上去粗糙不堪，而没有内在的美，那这片粗糙的土地又怎么能生出百合花来呢?从这个观点出发，歌德的一句使很多人无法理解的话也许就好理解了。歌德说："美高于善，美本身就包含了善。"不过我也曾经说过："真的美有别于假的美，正如天堂有别于地狱!"

无论是古代还是现代，我们都发现有那么几位诗人被认为是完美无缺的，如要挑剔他们的毛病，就会被指责为一种罪过。这个问题值得注意，它看上去无可非议，然而严格说来，那只能是一种幻想。从根本上讲，很明显，十全十美的诗人是没有的! 可以说所有人的心中都有诗的成分，可没有一个人完全是由诗构成的。我们只要能读懂一首诗，我们就都是诗人。"想象在但丁地狱里的战栗"，虽然在程度上不及但丁自己的想象，但总不能说这是根本不同的吧? 虽然只有莎士比亚才能根据萨克索·格拉姆蒂克的记载写出哈姆雷特的故事来，然而每个人都能像他那样写出一个故事来，只是写出的故事优劣不同罢了。我们没有必要再花时间解释了。在这里，人与人之间并没有像圆与方那样有明显的区别，因而一切说明也并非必须加以或多或少的决断。一个人本身的诗的素质增加到足以引起别人注意的时候，就会被旁人称作诗人。那些被我们视为完美无缺的世界诗人也是一样，是被评论家们用同样的方式树立起来的。在这样那样的评论家们看来，一个人只要能超出一般诗人的水平，那他就是世界性的诗人，这好像是理所当然的。然而这只能是一种武断的判断。一切诗人、一切人，都多少带有某种世界性的东西，但没有一个人是全部由这种东西构成的。大多数的诗人很快就会默默无闻，只有最可敬的莎士比亚或荷马才能名垂久远，然而总有一天他们也会被人们忘掉的!

悲　剧

〔意大利〕明屠尔诺

这种恐怖和怜悯，正因为令我们感到愉快，才进而洗净我们类似的激情。

在别人身上看到命运的重大转变，我们就知道怎样谨慎处世，以免意外的灾难落到我们身上。假使不幸有灾难降临 (因为人生难免会遭到祸事，灾难常常折磨我们)，我们也知道以忍耐的精神逆来顺受。

悲剧诗人，除了用使人愉快的诗情和语言的藻饰以外，也用歌，用舞，用壮观的场面令我们感到很大的快乐，他决不会将使人不快的事情演给我们看，他也决不会不以快感来感动我们。可是，他凭借语言的感染力和思想的分量，唤起我们的情绪，惹起我们的惊愕，既以恐怖充满我们的心，又感动我们的心去怜悯。什么事情悲惨到能感动人呢?什么事情能像可怕的、悲惨的、意外的遭遇那么感动人呢?例如，希波吕托斯的惨死，海格力斯的可怕而动人的疯狂，奥狄普斯的不幸的流浪。但是，这种恐怖和怜悯，正因为令我们感到愉快，才进而洗净了我们类似的激情。因为这两种情操比什么都能约束我们心中难以约束的狂热，一个人不会完全受毫无拘束的欲望压迫，以至即使因别人的不幸而惹起畏惧和怜悯的情绪，他的心还不能澄清那些惹祸的激情。我们记起别人的大难时，就不但会更敏捷、更有准备地去忍受自己的不幸，而且会更聪明、更巧妙地避免同样的灾难。正如医生有本领用毒药排除那折磨身体的病毒，悲剧诗人也有本领凭借诗中美妙的激情之力洗净读者心中的莫大烦乱。假如音乐凭借献祭时的歌唱能净化人的心灵，诗人岂不能凭借诗的和谐一样做得到吗?

我们试想，患难的经验多么有助于安然忍受人生的意外，习惯了的劳苦又多么容易让人坚持。那么，习惯于激情岂不是令人更能泰然处之吗?有人说，我

211

们越是多看悲剧，我们的激情就越增加，因为悲剧的故事打动我们的心，使我们心烦意乱——那不是真理。相反地，当我们偶然不免要焦虑、狼狈不堪的时候，我们也会安然忍受那些痛苦，因为要是我们所受的创伤是自己早已预见的，我们的痛苦也必然少些。一个人如果看惯了别人的意外际遇，对于他，自己任何的不幸都将不是意外的了。

画　意

〔意大利〕达·芬奇

表现自然作品的科学或表现人为作品的科学，到底哪一种更奥妙？

如果你说这些科学除非靠手工不能达到目的，所以应当归入机械类，那么我要说一切用文人的手完成的艺术也该归入机械类，因为文人就是一种书写家，而书写是绘画的一个分支。

天文学和其他科学也需手工操作，虽然它们先在头脑中产生，正同绘画首先在构思者的心中产生一样，但不动手就无法实现。

科学的、真实的绘画原则首先规定什么是有影物体，什么是原生阴影，什么是派生阴影以及什么是亮光。也就是说，不需动手，单凭思维就足以理解明亮、阴暗、色彩、数量、形状、位置、远近、运动、静止等原则。这是存在于构思者心中的绘画科学，从这里产生出比上述的构想或科学之类更为重要的创作活动。

哪一门科学更有用，在什么方面有用？——一门科学，若其成果最容易传达，也就最有用处，反之，其成果较难传达，用处也较少。因为绘画依靠着视觉，所以它的成果极容易被传给世界上各时代的人。经由耳朵通向我们理智的道路和经由眼睛到达理智的道路迥然不同。绘画不同于文学，不需各种语言的翻译，就能像自然景物一样，即刻为一切人通晓，而且还不仅限于人类，动物

也是这样。可举一幅画像为例，画中人是一个家庭的男主人，那么，不单是襁褓中的婴儿会爱它，连家里的猫狗也尊重它，这确是一种奇观。

绘画能比语言文字更真实更准确地将自然万象传达给我们的知觉。但文学比绘画更切实地表现语言，让我们来断定一下，表现自然作品的科学或表现人为作品的科学，到底哪一种更奥妙?诗歌之类作品中的语言都是人的产物，并且要通过人的唇舌表达。

鄙视绘画的人，既不爱哲学，也不爱自然。绘画是自然界一切可见事物的唯一模仿者。如果你藐视绘画，你势必藐视了一种深奥的发明，它以精深而富于哲理的态度专门研究各种被明暗所构成的形态 (例如海洋、陆地、植物、动物、花草等等)。绘画的确是一门科学，并且是自然的合法女儿，因为它是从自然产生的。为了更确切起见，我们应当称它为自然的孙儿，因为一切可见的事物一概由自然生养，这些自然的儿女又生育了绘画，所以我们可以公正地称绘画为自然的孙儿和上帝的家属。

神秘的画

〔美国〕罗洛·梅

时间的一切范畴——过去、现在、未来，意识性的或无意识性的，都包孕于其中。

在塞尚的绘画里，我们可以看见空间、石块、树木以及面孔的新世界。他告诉我们，机械的古老世界已成为过时之物，我们必须在空间的新世界中观察和生活。这一点可由他画满苹果和梨子的画布上看出来，更可由他所描绘的树木上看出来。在我上大学的时候，往往沿着两旁植满高大榆树的校园幽径走进教室。而今，我则沿着河滨的榆树荫走向我的办公室。

智慧在成长

213

在这两者之间，我学会了观赏并热爱塞尚的绘画。我惊叹其结构之美，并体会到它与我们大学校园的不同之处。我现在已体验到这些树木是形式音乐韵律的一部分，这种形式与实际树木几乎毫不相关。图画中所显示的天空那三角形的色彩形式和构成树枝的形式一样重要，而浮游在空中的神秘力量，与树木的大小并无关系。

塞尚所展现的新世界超越了因果关系。在他的世界里，A 产生 B 和产生 C 并没有直接的联系。形式的诸层面同时从我们的视觉中洞现出来，或根本隐藏住。这正展示出我们现在意志的新形式。这种绘画是神秘的，不是自然的，或现实的。时间的一切范畴——过去、现在、未来，意识性的或无意识性的，都包孕于其中。最重要的是，倘若我们完全置身其外的话，就根本无法看懂这些画，只有自身参与其中，才能跟它们产生沟通交流。

倘若以一般眼光去欣赏塞尚的石块，绝对无法了解其中的含意，只有让他的画通过我们的身体、我们的感觉以及我们对自己的知觉所展示的一种特殊形式去观赏它，才能真正领会画中的含意。那是个人必须"神入其内"的世界。我们必须将自身奉献给生命的根源——宇宙。

这正是这些绘画对我们自身意识的考验。

但是，倘若我们任由自身进入塞尚的新形式和空间轨道的话，我们如何确知可以再度寻回自身呢?这个问题正可以表明，许多人对现代艺术所表现的强硬、非理性和暴力的反对。它 (指现代艺术) 摧毁了他们的古老世界，自然会引起许多人的憎恨。

在现代艺术中，他们再也无法以古老的方式观看世界，再也无法以古老的方式体验生活。一旦古老的意识遭到摧毁，它就永远无法再找到重建的机会。

人 体 美

〔英国〕温克尔曼

　　这里像射箭一样"过"与"不及",都是没有击中目标。

　　艺术家在美少年身上发现了美的原因在于统一、多样和谐调。由于美的身体的形式是由线决定的,这些线不断地变化着自己的中心,并在不断延续,任何时候不会形成圆形,因此它们比圆形单纯和多样。不论圆形是大是小,它有固定的中心,它包含了其他的圆形或者它本身包括在其他圆形之内。希腊人几乎在自己的所有作品中努力追求这种多样性,他们的这些观念同样表现在日用陶制器皿和彩瓶的形式中,这些制品优美、典雅的轮廓正与这一法则相吻合,也就是说,它们是由几个圆形的线条组成的。因为这些制品有椭圆的形式,所以它们包含了美。但是在形式的组合中越有统一性和从一种形式到另一种形式的转换越多,整体的美感也越强。由这些形式组成的优美的青年人体,犹如大海的表面一样统一,在离它稍远的地方,它似乎是平静的,像镜子一般,虽然它永远在运动,在掀起波澜。

　　然而,尽管青年人身体的形很统一,但由于形的边界不明显地相互毗连,在许多形中真正的交点和轮廓线不可能是准确和肯定的。由此说来,在青年人的身体中一切都具有,一切都应该具有,但无任何突出之处,也不应该有突出之处。画青年人的身体比画成年人和老年人的身体困难得多,因为大自然已经在成年人的身体中结束了自己的创造,也就是说,它已完全定型;而在老年人的身体中,大自然则开始破坏自己的创造。不论在成年人或老年人的身体中,各部位的构成都历历可见。所以在画肌肉很发达的人体素描时,轮廓的偏差或者说加强、夸张肌肉或其他部位的比例,都无碍大局。画青年人的身体却不一

智慧在成长

215

样，最微小的偏差也会成为明显的瑕疵，最细微的阴影，正如通常所说的那样，也会使身体的样子受到损害。因为这里像射箭一样"过"与"不及"，都是没有击中目标。

这一议论可以说明我们立论的正确性并为它提供根据，也可以开化那些愚昧无知的人，他们习惯于大加赞美把一切肌肉和骨骼描绘得很突出的人体画，而对于描绘青年人体的纯朴形式却漠然视之。我提到这一点的最明显证据是那些小石刻制品和从它们上面翻制的模子。从这些作品上看出，当代艺术家们做的老人头像比起青年人的优美头像要更准确、更出色。鉴赏家可能不会一眼就能判断出老人的石刻头像是否系古人创作，但对于理想化的青年头像的赝品，他的判断却比较有把握。

音乐与舞蹈

〔英国〕洛　克

谁想充分地利用他的一部分生命，就必须使自己生命的大部分时间得到欢乐。

我认为，舞蹈不能学得太早，要等儿童的年龄和力量都适合的时候才行。但是，还必须有好的教师，这位教师应该懂得，并且能够讲授什么是优美，什么是适宜，以及如何使身体的运动产生自由感和舒适感。如果一个教师做不到这些，那么，有教师要比没有教师更坏。自然陈旧的姿势要比装腔作势的姿势好得多。我认为，脱掉帽子，使一条腿像一位忠实的乡下绅士要比像一位姿势丑陋的舞蹈教师好一些。因为，对快步舞来说，就舞蹈的形象而论，除了十分优美的姿态之外，其他的东西我很少考虑，或者根本不考虑。

人们认为，音乐与舞蹈有某种关系。善于演奏某些乐器的人会受到大多数

人的高度赞扬，但是要掌握一种适当的演奏技能，对青年人来说会用掉很多时间。所以，许多人认为，经常参加零星的交际活动可以令人在学习演奏方面节省时间。在一些有才华的人和商人中，我很少听到有人赞美或称颂音乐的好处。所以，在所有的技艺中，我可能对音乐的评价最低。我们短暂的生命不可能使我们在各方面都达到目的，我们的精神也不可能专心致力于学习很多东西。由于我们身心素质的软弱，这就要求我们应该具有不屈不挠的精神。谁想充分地利用他的一部分生命，就必须使自己生命的大部分时间得到欢乐，这一点，至少对青年来说，是无可否认的。如果你不想使青年人过早衰老，一旦他们的死亡或智力的衰退出乎你的意料，你就会感到不满或不高兴。所以，我认为，时间和精力应该用在改进那些最有用的和最有效的事情上，而且还要采取最简便的方法。使身心得到锻炼成为一种娱乐，这在教育上也许没有任何秘密，但是，我怀疑精明能干的人也可能干不了，因为这要充分考虑教育对象的性情和爱好。因为厌恶学习和跳舞的人，并不是要求马上去睡觉，而是去做使他感到欢快的其他事情。但是，这一点必须永远牢记在心：除了娱乐活动之外，任何事情都不会使他感到愉快。

作品中的梦

〔奥地利〕弗洛伊德

没有艺术修养的人们，得自幻想的满足非常有限，他们的压抑作用是残酷无情的。

艺术家也有一种反求于内的倾向，和神经病人相距不远。他也为强烈的本能需要所驱使：他渴望荣誉、权势、财富、名誉，和异性的爱，但他缺乏求得这些满足的手段。因此，他和有欲望而不能满足的任何人一样，脱离现实，转

移他所有的兴趣，构成幻想生活中的欲望。这种幻想本来容易引起神经病，一定是因为有许多因素集合起来抵拒病魔的入侵，他才不致患病。其实，这些艺术家也常因患神经病而使自己的才能受到部分的阻抑。也许他们的禀赋有一种强大的升华力及在产生矛盾的压抑中有一种弹性。过幻想生活的人不仅限于艺术家，幻想的世界是人类所共同拥有的，无论哪一个有愿未遂的人都能到幻想中去求安慰。然而没有艺术修养的人们，得自幻想的满足非常有限，他们的压抑作用是残酷无情的，除了可以成为意识的白日梦之外，他们不能享受任何幻想的快乐。

至于真正的艺术家则不同，第一，他知道如何润饰他的白日梦，使它失去个人的色彩，而为他人所欣赏；他知道如何加以充分的修改，使不道德的根源不易被人探悉。第二，他有一种神秘的才能，能处理特殊的材料，直到忠实地表示出幻想的观念；他知道如何以强烈的快乐附着在幻想之上，至少可暂时使压抑作用受到控制而无处施展它的威力。他若能将这些事情一一做完，那么他就可以使他人共同享受潜意识的快乐，从而引起他们的感激和赞赏，那时他就能通过自己的幻想赢得从前只能从幻想中才能得到的东西：如荣誉、权势和异性的爱。

抑郁和悲痛间的关系为两种情况的一般描述所证实，而且不管是否有可能排除生活中引起它们的外部影响，这种激发的原因对于两者都是相同的，悲痛一般是失去爱人时的反应 (或者失去某种抽象东西，例如祖国、自由、理想等)。同样的影响，在有些人身上则发展为抑郁而不是悲痛。因此，我们可以设想他有一种病理素质。同样值得注意的是，虽然悲伤意味着大大偏离正常的生活态度，但是我们永远也不会认为这是一种病态而对悲伤的人进行药物治疗。我们确信，过一段时间，人就可以克服它，因而我们认为对它的任何主张都是不可取的，甚至是有害的。

艺术家的思考

〔法国〕加　缪

　　它寻找的是动作、表情或空洞的目光，这种目光将概括世上一切动作和目光。

　　艺术家为自己重造世界。自然的交响乐并不懂得延长号，世界从来就不是安静的，它的沉默本身按照我们听不到的振动永恒地重复着同样的音符。至于那些我们感知的振动，它们提供给我们声响，但很少有和谐音调，永远成不了抒情乐曲。然而，音乐存在于交响乐结束的地方，存在于抒情曲赋予声音以形式的地方，而声音在其自身并无形式可言，存在于一种音符的特殊排列并最终从自然的混乱中为精神和心灵获取一种令人满意的统一的地方。

　　凡·高说："我越来越相信，不应该立足于现今的这个世界判断上帝。这是一种对他的不适当的研究。"每个艺术家都试图重新进行这研究并且赋予他所欠缺的风格。一切艺术中最伟大的最雄心勃勃的是雕塑，它致力于从三个维度确定人的变幻的容貌，将动作的混乱引向伟大风格下的统一。雕塑并不否认相似，相反，雕塑需要相似。但它并不去寻找它。在它的伟大时代中，它寻找的是动作、表情或空洞的目光，这种目光将概括世上一切动作和目光。它的目的不是模仿，而是通过一种有意义的表情将身体暂时的愤怒或各种姿态的无穷变幻勾勒下来，并且将它们固定起来。只有在那时，它在喧闹城市的城门的三角楣上树立起模式、样板、静止的完美，以在短暂时间中平息人们无休止的狂热。失恋者终于能够围绕希腊少女雕像瞻望，以在少女塑像的身体和面容中捕捉到在失恋后尚存的东西。

　　绘画的原则也在选择中。德拉克洛瓦写道："对自己的艺术进行思考只不过是天才的一种普及和选择的禀赋。"画家让他的主题孤立起来，这是统一它的

智慧在成长

首要方法。景物从记忆中逝去、消失或者一个消除另一个。这就是为什么风景画家或静物画家把通常随光线转动，消逝在一种无限视野中或者在其他价值冲击下消失的那些东西孤立在空间和时间中的缘故。风景画家的第一个行动就是框好他的画布，他消除的东西与他选定的东西一样多。同样，主题画家把通常消失在另一个行动中的行动孤立在时间与空间中。画家于是进行固定。伟大的创造者就像皮埃罗·戴拉·弗朗塞斯卡那样，是这样一些人，他们使人感到固定刚刚完成，放映机突然停下。他们笔下的人物通过艺术的奇迹使人感到他们仍然栩栩如生，而且永远不会消亡。皮埃罗·戴拉·弗朗塞斯卡死后很久，伦勃朗像哲学家那样在同一个问题上，对阴影与光线之间的关系久久地思考着。

理　想

〔英国〕赫伯特·里德

在我看来,美与人的理想化有着必然的联系。

古希腊是美的发源地，美是一种特殊的人生哲学的产物。这种哲学在本质上具有人的特点。美使人的全部价值得到升华，并在神的圣体上以鲜明的形式显示出来。艺术与宗教是自然的理想化，特别是人——自然发展的顶峰——的理想化。《美丽的阿波罗神》和《米洛斯的阿佛罗狄忒》这两尊希腊雕像，同属于古典艺术。二者形体完美，比例适度，高雅而静穆，堪称人类完美或理想的典范。总之，罗马艺术继承了这种古典美的遗风，在文艺复兴时期又将其发扬光大。迄今，我们仍然保持着文艺复兴时期的艺术传统。在我看来，美与人的理想化有着必然的联系，这种理想最早起源于距离我们现实生活十分遥远的古希腊人。这种理想，或许像其他理想一样完美。但我们应该看到，它只不过是几种可能同时并存的理想之一。这种理想有别于那些神性的、理智的和抽象

的拜占庭艺术理想，有别于那种悲天悯人的、表现人对神秘严酷的世界感到恐惧的原始艺术理想，也有别于那种抽象的、非人的、玄秘的、本能的东方艺术理想。由于我们习惯于用语言来思维，于是，我们总是徒劳无益地想把"美"一词同表现在艺术中的上述几种理想强拉硬扯到一起。假如不是自欺欺人的话，我们迟早会为这种牵强附会、曲解词义的做法感到内疚。一尊希腊爱神的雕像、一幅拜占庭圣母的绘画、一具新几内亚或象牙海岸的原始偶像木刻，并非都是这种古典美的理念产物。如果语言词汇具有精确意蕴的话，我们应当承认，那具木刻至少是不美的，甚至是丑的。但是，不管它美丑与否，这三件东西都是名副其实的艺术品。

我们应当承认，艺术并非是通过造型来表现任何一种特定的理念。事实上，艺术所表现的理念是艺术家借助造型可以逼真地显现出来的那种理念。每件艺术品都遵循一定的形式法则或整体结构法则。但我不想过多强调这一因素，因为越研究那些具有直接性和本能性魅力的艺术品结构，你就越难将其分解为简明易懂的结构模式。一位文艺复兴时期的道学家曾明确指出："大凡优美的事物，在它的比例关系中总包含着一定的奇异性。"

艺术趣味

〔法国〕伏尔泰

良好的趣味被比喻为一座隐秘的宝库，只有少数天才人物才能不随波逐流，坚持保存着它。

俗话说，趣味无争辩。这一论断是公正的，如果只是指口味——生理感觉，即厌恶某些食品和特别偏爱某些食品的现象，无疑是不必去争辩这种趣味的，因为消除味觉器官的缺陷，这不是我们应关心的范围。

智慧在成长

艺术中的情形就不同了，由于在这里有着明显的美，那么，有能够马上赏识这些美的高明的鉴赏力，又有对它视而不见的低下的鉴赏力。在这里经常可以纠正错误的观念——低下的鉴赏力就是从这些观念中产生的。

当然，也有僵化的心灵、反常的理智，它们是任何人任何东西都无法打动，你是无法引导它们走上正路的。不必与他们争辩趣味，因为对他们根本谈不上什么趣味。在许多人眼中，趣味应该是评价织物、珠宝、马车和许多类似的物件（这些东西无论如何也不能算作是美的艺术）的评判员，这种趣味大概应称作癖好更为正确些。不是趣味，而是癖好，激发了多种多样的新时髦的产生。

整个民族的趣味也可能突然遭到败坏，通常这种不幸是在趣味上长期完美之后降临到这一民族的。

模仿病往往将艺术家推到探索迂回小道上去。他们脱离开先辈们得以细腻地掌握的大自然的美，而将力气花费到掩饰自己作品的缺陷的种种诡计上。

观众对任何新东西都很贪婪，蜂拥而至地追逐它们，但同样迅速地表现出厌倦，于是就有另一批新的艺术家取而代之，——这些艺术家更加热切地渴望博得观众的喜爱，比前辈人更加远离自然。趣味就这样遭到践踏。新奇东西从四面八方纠缠着你，而它们自己马上受到别的新奇东西所排挤。观众已经不再晓得该坚持什么才对，徒劳无益地为失去往昔良好的趣味感到惋惜。可是，这个时代是一去不复返了。良好的趣味被比喻为一座隐秘的宝库，只有少数天才人物才能不随波逐流，坚持保存着它。

有过一些幅员辽阔的国家，在那里，趣味从来没有达到过完善的高度，这是一些社会本身远不完善的国家，那里的男人和女人从不集合到一起聆听启蒙的演讲。某些艺术形式，比如，描绘动物的雕塑和绘画遭到教会的明令禁止。当人们的启蒙交往极其稀少的时候，智慧就出现了停滞，判断力也显得迟钝，于是人们失掉了建立趣味的基础。当许多艺术形式根本得不到培植的时候，其余的形式很少能为自己的繁荣找到良好的土壤，因为一切艺术形式都是同一根链条上的环节，它们之间有着直接的依赖关系。

看 到 美

〔美国〕艾德勒

他们能在那些因其内在品质而有令人悦目的美的物体上发现令自己愉快的美。

不少人可能在专家认为缺乏令人悦目的美而鄙弃的东西中发现了令自己愉快的美。同样,当专家们都认为某件东西所具有的令人悦目的美胜过其他东西时,这并不意味着人人都认为这件东西所具有的令自己愉快的美会超过其他物体。

如果说我们无法解释情趣爱好上的差异,那就是承认,我们无法克服令人悦目的美与令人愉快的美之间的鸿沟,无法解决专家判断为具有更令人悦目的美与一般人认为更具有令人愉快的美这两者之间是互不相关的问题。如果我们能解释情趣爱好上的这种差异,换句话说,如果我们知道出现这种差异的原因,那么,我们就有可能找到补救的办法,并能通过这种办法去消除它们之间的差异。

由于专家能对某领域内的物体判断出它们的令人悦目的美和令人愉快的美,所以,他们的存在为我们解决情趣爱好不同这个问题提供了一条线索。说某些人对某些事有专家的判断力,是认为他们对这些事物有很好的鉴赏力。他们好的鉴赏力在于他们能在那些因其内在品质而有令人悦目的美的物体上发现令自己愉快的美。

这种很好的鉴赏力来自何处?专家何以具有这种好的鉴赏力呢?在个人的发展过程中,有些因素使他们在某些领域内具有了专家的判断能力,问题的答案就在这些因素里。这些因素包括:他们经常接触评价这些事物,他们通过耐心、精心和恒心所积累的经验，他们对这些事物的成分的了解，或许还包括他们在某种程度上掌握的创造这些事物的技术。

某些人为什么会对某种物体的令人悦目的美具有专家的判断力?对于这个问题，如果我们的上述解释是正确的话，那么，我们同样可以解释，他们对物体的令人愉快的美为什么会有很好的鉴赏力。

以此类推，低劣的鉴赏力也能用这种方法解释。低劣的鉴赏力也是由于个人发展过程中缺乏那些使人具有专家的判断力和鉴赏力的因素造成的。

低劣的鉴赏力在于，认为缺乏有令人悦目美的物体中有令人愉快的美，或者说，认为不太令人悦目的东西更令自己愉快。解释造成低劣鉴赏力的原因，应有助于我们改善自己的鉴赏力。改正的方法在于掌握那些使人拥有专家判断力和鉴赏力的因素，进而培养自己的鉴赏力。

提高鉴赏力

〔英国〕艾迪生

他们还要探讨优秀作品中真正的精神和灵魂，并为我们指出快感的各种来源。

同高雅的天才人物谈话是提高我们天然鉴赏力的一个途径。一个极富才华的人不可能在考虑任何事情时都能从整体规模和所有角度进行。一位作者除了提出人们那些普通的思想之外，还要形成某些为他的思想方式所特有的见解。因此，谈话自然会给我们一些原来未曾想到的启示，并且使得我们既享有自己的，也享受别人的才华和见解。这是我对某些人观察到的现象所能提供的最充足的理由。他们注意到：用同样方式写作的伟大天才人物很少单独产生，而是在一定的时期成群出现，而且是一个整体。正如他们在罗马帝国奥古斯都统治时期和古代希腊苏格拉底时代前后所表现的那样。那就是高乃依、拉辛、莫里

哀、拉封丹、布吕耶尔、伯叙、达西埃夫妇，假如他们不是朋友和同代人，我也无法想象他们会写得像他们已经写的那么好。

精通古代和现代最杰出的批评家的著作，对于培养自己对优秀作品的高超鉴赏力，同样是必要的。应当承认，我希望有这样一种作者，除了缺乏鉴赏力的人所谈论的机械的规则之处，他们还要探讨优秀作品中真正的精神和灵魂，并为我们指出快感的各种来源，这种快感是因仔细阅读杰出作品而从心中涌起的。因此，像时间、地点和行动的一致，以及与此类似的其他要点，虽然在诗中也许是绝对必要的，但是仍有待于详尽地说明和透彻地理解。对于艺术来说，还有一些更为本质的东西，它能唤起和激发人的想象力并赋予读者伟大的心灵，这一点，除朗吉弩斯外很少有批评家考虑到。

在英国，我们通常是欣赏警句、机智的措辞和生硬的比喻，这些东西丝毫无助于改善或开扩读者的心境，并为古今最伟大的作家们所不齿。我已尽力在我的一些思索中清除我们中间已有的这种哥特式鉴赏力。我用一篇关于才智的随笔飨食市民一星期，在这篇文章中，我力图探知某些在全世界的不同时代一直受到赞赏的伪装的东西，并同时指出真正的才智的实质何在。此后，我举了一个例子说明感动读者心灵的巨大力量来自思想的自然质朴，在朴素的作品中，除了这唯一的资格之外，没有其他可赞许的。

幻 想

〔匈牙利〕米克沙特

筹建上百艘巨型战斗舰，比起偷运一粒幻想到充满数字的大脑皮层里去，还要容易得多。

在最实用的发明中，幻想给人类以帮助。其实，幻想是世界上最美妙的事物，是艺术和文学的一个主要因素。没有幻想，就没有伟大的人物，也没有伟

智慧在成长

大的事物。

　　幻想不仅不再增长，而且处于逐渐消失的境况。它的处境就像山萝卜那样，自身也在日渐减少。伟大的寓言叙述家已经死绝了。在大仲马、狄更斯和约卡伊之后，大门最终被关闭了。到目前为止，除非为了要回来的人，这道大门就没有再打开过。——但从此以后，为了要进去的人，它不会打开了，因为没有一个人是留在外面的。

　　英国人首先想到这个问题。莎士比亚的祖国，实用教育的先驱最先敏感地发出呼声。嗳哟！不好了！幻想在减退了。这是衰老的征兆，或者就像谁用马蹄铁皮靴对付花床那样，一下子就将它践踏坏了。约翰已经老了，这是一个神圣的真理，但他毕竟是一个保养得当的绅士。不过，他到底还是意识到，当钱袋不断铿锵发响之时，也就是大势已去之日。这样，国会教育事务委员会赶忙派出一些有关的委员，组成一个小委员会，负责去帮助解决这一问题。但是，筹建上百艘巨型战斗舰，比起偷运一粒幻想到充满数字的大脑皮层里去，还要容易得多。不过，反正都是一样的，因为我们的负责教育事务的名流还是说不允许用幻想来教育孩子，必须从教科书中把寓言剔除开去。

　　假如根据我的意见，在匈牙利，寓言，特别是民间寓言还是起着非常重要的作用。在所有地方，民间寓言都是极为可爱的东西，人民的心灵、幻想、感情和思想世界全都活在民间寓言里。在我们国家里，民间寓言还是民族语言的主要源泉。我可以说，它几乎是唯一的源泉。因为用不着否认，我们匈牙利语还是与捷克语混杂的。在国会里，对于我们的演说家，装饰华丽和闪闪发光的语言的价值，是毋庸赘说的。但奇怪的是，假如谁在引用外国语时发生了错误，就会像一个没有教养的人那样，遭到大家的嘲笑；与此相反，如果谁在讲匈牙利语时不出毛病，人们就会吃惊地说："瞧，这位老兄的匈牙利语讲得不坏呀！"

　　对于科学的书面语言来讲，这么一根头发丝（在国会里，他们使用的是一束头发），是不值得特别一提的。因为它并不都是科学家写的，而只不过是偷窃者的手笔（在国会里，它是小偷、抄袭者的代名词）。假定说有某一本书不是这样，那批评家就要特别提出来了，"写得多好的一本匈牙利文的书！"……事情

就是这样的！他们这样说，可是在英国或法国，作者是不是都能够使用毫无谬误的英文或法文来写作呢？

时 尚

〔法国〕卢 梭

　　我们永远也不会知道，我们是在和什么人打交道，甚至要认识自己的朋友也要等待重大的关头。

　　今天更细致的学术研究与更精微的趣味已经为取悦的艺术归纳出一套原则了。我们的风尚里流行着一种邪恶而虚伪的共同性，每个人的精神仿佛都是一个模子里铸出来的。礼节不断地在强迫着我们，风气又不断地在命令着我们。我们不断地遵循着这些习俗，而永远不能遵循自己的天性。我们不敢表现真正的自己，而且在这种永恒的束缚之下，人类组成了我们称之为社会的群体，大家既然都处于同样的环境中，也就都做着同样的事情，假使没有其他更强烈的动机将他们拉开的话。因此，我们永远也不会知道，我们是在和什么人打交道，甚至要认识自己的朋友也要等待重大的关头，也就是说，要等到不可能再有更多时间的关头，因为唯有到了这种关头，认识朋友才会成为最重要的事。

　　这种世态炎凉又是伴随着怎样一长串的罪恶啊！又是以多么诚恳的友情、多么真诚的尊敬、多么深厚的信心为代价啊！疑虑、猜忌、恐怖、冷酷、戒惧、仇恨与奸诈永远会隐藏在礼仪的虚伪面幕下边，隐藏在被我们夸耀为我们时代文明所根据的那种文质彬彬的背后。我们并不夸耀自己的优点，却抹杀别人的优点；我们不粗暴地激怒自己的敌人，但我们却礼貌周全地诽谤他们。民族的仇恨将会熄灭，但对祖国的热爱也将随之熄灭，我们以一种危险的怀疑主义代替受人轻视的愚昧无知。有些过分的行为被禁止了，有些罪恶是被认为不体面的，但是另外却也有一些罪恶是以德行的名义被装饰起来，而且我们还必须具有它们或采用它们。只要你愿意，你就可以夸奖当代贤人们的清心寡欲，至于我，我在这里面看到的只不过是一种精装的纵欲罢了，这和他们那种矫揉造作的品质同样是不值得我去称赞的。

我们的风尚所获得的纯洁性就是这一切。我们就是这样成为好人的。让文学、科学和艺术，到这样一种自我满足的工作里去宣扬它们自己的贡献吧。我仅仅补充一点，那就是某一遥远地区的居民如果也根据我们这里的科学状况，也根据我们的艺术的完美，也根据我们的视听去观赏，也根据我们举止的礼节，也根据我们谈吐的谦逊，也根据我们永远善意的表现，并且根据不同年龄、不同地位的人士——那些人似乎从早到晚只想怎样互相献殷勤——的那些嘈杂聚会，而要求形成一种欧洲式的风尚观念的话，那么，我要说，这种异邦人对于我们风尚真相的猜测就要适得其反了。